基础电路实例仿真分析

钟洪声　杨忠孝　编著

科学出版社

北　京

内 容 简 介

本书在 Multisim 仿真工具的基础上，通过一些基础电路实例仿真分析，进一步理解电路的基本原理和性能。本书为电路分析基础和模拟电路基础课程的教学提供一个有益的参考教材，借助计算机工具，旨在提高基础课程的教学效率。

本书是一本教学辅导用书，适合于电子信息工程和电子科学与技术等专业学生使用，也适合于电子技术领域学习的初学者阅读参考。全书提供70 多个电路实例分析介绍，包括理论分析和计算机仿真，还提供了 25 个视频文件，在正文的二维码处扫描可获得视频文件。

图书在版编目（CIP）数据

基础电路实例仿真分析/钟洪声，杨忠孝编著. —北京：科学出版社，2017.9

ISBN 978-7-03-054125-3

Ⅰ.①基⋯ Ⅱ.①钟⋯ ②杨⋯ Ⅲ.①电子电路-计算机仿真 Ⅳ.①TN702

中国版本图书馆 CIP 数据核字（2017）第 191565 号

责任编辑：潘斯斯/责任校对：郭瑞芝
责任印制：吴兆东/封面设计：迷底书装

科 学 出 版 社 出版
北京东黄城根北街 16 号
邮政编码：100717
http://www.sciencep.com

北京虎彩文化传播有限公司 印刷
科学出版社发行 各地新华书店经销

*

2017 年 9 月第 一 版 开本：787×1092 1/16
2019 年 1 月第三次印刷 印张：13 3/4
字数：336 000

定价：49.00 元
（如有印装质量问题，我社负责调换）

前　言

随着计算机技术的发展，计算量及速度问题得到基本解决。在工程领域，计算机仿真工具的能力越来越强大，部分替代实验功能，大幅度加快了产品开发的速度。在基础电路教学中，强调一定的手工计算分析还是必要的，有利于学生加强对电路原理的理解，但是过分强调手工计算，特别是难题的练习，已经没有什么价值。尽早让学生接触到先进的计算仿真工具，可以进一步提高学生的学习兴趣，提高教学效果。

本书主要基于计算机仿真软件 Multisim 介绍典型基础电路的分析练习。本书实例与理论教材知识点顺序基本保持一致，有利于辅助理论课程的学习。计算机仿真的方法与人工分析方法是一致的。计算机的优点：效率极大提高，计算机软件自动列写方程，快速计算，分析结果多种表达形式，Multisim 的显示与工程实验仪器紧密关联，直观清晰。人工分析计算的优点：采用公式推理，模型简化，逻辑关系清晰，物理概念清楚。人工计算的缺点：效率很低，对于大型电路的分析计算几乎无法完成。

计算机仿真工具的应用，对电路理论知识的教学带来革命性的影响，分析方法和手工计算的技能价值降低。学生掌握一种计算机分析仿真工具，对于学习电路理论知识日显重要。由于计算机工具的应用，对于电路课程的学习方式也有一定改变，在介绍基础理论之后，尽早提供计算工具，训练学生学会使用计算机工具解决电路分析问题。为了结合理论的学习，本书选择课本上的基础电路，借助计算机分析仿真，不仅给学生一种分析计算手段，还通过计算机的仿真显示，特别是虚拟仪表，促使学生更直观地理解电路原理。

本书主要是教学参考用书，可供电子信息工程类专业大学生在基础学习阶段，掌握学习计算机仿真工具，也可供电路教学的教师参考，用于指导学生学习计算机仿真以及借助 Multisim 等软件设计简单电路。

本书共 12 章。第 1 章，软件工具简单介绍；第 2～11 章，一些简单电路的分析仿真介绍，包括基础的模拟电路、动态电路、模拟放大器、滤波器、功率分析、简单的数字电路等；第 12 章，在仿真分析的基础上，介绍简单电路的设计，实际上是利用软件工具辅助设计需要的特殊简单电路，引导学生学会自己设计一般的基本电路，并学会分析仿真电路。本书提供了 70 多个实例仿真分析，并提供了 25 个视频演示，在正文的二维码处扫描可获得视频文件。

实例由电子科技大学电路分析基础课程组 21 位老师提供，他们分别是董爱军、冯代伟、宫大为、韩尧、胡进峰、胡永忠、李颖、刘喆、王冰峰、王京梅、吴涛、吴韵秋、谢华、杨成林、杨德才、杨忠孝、张彪、张天良、郑颖熙、周秀云、钟洪声。吴涛完成视频录制与制作工作。对于以上人员的辛勤工作，深表谢意。

全书由杨忠孝整理，由钟洪声策划、统稿与编辑，并完成视频演示。

由于作者对 Multisim 的熟悉程度还不够高，对于基础电路类型覆盖不一定全面，希望读者能够反馈意见，敬请批评指正，不胜感激。

钟洪声

2017 年 5 月 9 日

目　　录

第1章 电路仿真软件介绍

设计是电子技术的一个重要任务，随着电路规模越来越大，传统的纯人工模式已经很难完成。电路分析是电路设计的基础，当电路拓扑和参数确定时，电路的解存在，但是随着电路规模的增加，计算量巨大，人工分析需要巨量的时间，而借助计算机可以高效完成计算任务。电路工程化设计内容更多，自动设计技术包括电路仿真、布线、生成PCB等过程。设计方法由全人工模式逐步过渡到和计算机共同完成电子系统设计，再发展成为目前的电子设计自动化技术。电路仿真成为电子系统设计的基础，而仿真技术的提高，可以大幅度减少实验验证环节，提高电子产品的更新速度和质量。

对于初学者，先学会分析电路，熟悉简单和典型电路，充实自己的电路基本"库"。对于已经掌握现代工具的学生，学会利用计算机工具分析或者辅助设计电路，是很有必要的。电路仿真的本质是在电路理论的基础上，提取数学模型，建立数学方程，并进行计算。在满足集总假设的条件下，元件模型准确，其计算结果与真实实验结果一致，或者误差可控制在很小范围。"仿真"一词也就是源于利用计算的结果模拟真实实验。由于现代计算机强大的计算能力，其仿真速度快，效率高，如果通过实验验证电路，则其工作量大，效率低。目前仿真的结果可以部分替代实验。如果仿真失败，则电路方案一定有问题；如果仿真成功，则电路成功的概率大幅度增加。

目前工业界已经出现很多仿真软件，均建立有大量元件库，其参数十分准确，其仿真结果十分接近实验参数。

1.1 仿真设计软件介绍

电路仿真软件有多种，如 Multisim、PSpice 等。各种软件均有自己的特色。在此，主要介绍 Multisim。Multisim 是用于电路仿真与设计的软件，其已发行了多个版本，对于初学者，教育版较为适合。

NI Circuit Design Suite 12.0 是用于电路设计与仿真的软件工具，其中的仿真设计模块 Multisim 是由 1988 年加拿大 IIT 公司最早推出的 Electronic Work Bench（EWB）逐渐升级演变而来的。使用 Multisim 可以直观地搭建电路原理图，并对电路进行仿真与分析，结合虚拟仪器技术还可以对电路进行测试。该软件简便易学、使用灵活等特点，使其在电子学教育领域有很广泛的应用，也深受学生以及电子设计爱好者的喜爱。

NI Circuit Design Suite 12.0 软件包括 Multisim、Ultiboard、Ultiroute 及 Commsim 4个相互独立的部分，可以分别使用。4 个部分有增强专业版、专业版、个人版、教育版、学生版和演示版等，各版本的功能和价格有着明显的差异。本书仅以 Multisim12.0 为例进行说明。

Multisim12.0 是美国国家仪器有限公司推出的以 Windows 为基础的仿真工具，软件包含电路原理图的图形输入、电路硬件描述语言输入方式、电路分析、电路仿真、仿真仪器测试、射频分析、单片机分析、PCB 布局布线、基本机械 CAD 设计等应用，并结合了虚拟仪器的测试，也使得电路进行验证变得轻松与便捷。

Multisim 12.0 具有以下典型特色。

(1)直观的图形界面，整个操作界面就像一个电子实验工作台，绘制电路所需的元器件和仿真所需的测试仪器均可直接拖放到屏幕上，单击可用导线将它们连接起来，软件仪器的控制面板和操作方式都与实物相似，测量数据、波形和特性曲线如同在真实仪器上看到的。

(2)丰富的元器件，提供了超过 16000 多种元件，同时能方便地对元件各种参数进行编辑修改，能利用模型生成器以及代码模式创建模型等功能。

(3)强大的仿真能力，以 SPICE3F5 和 Xspice 的内核作为仿真的引擎，通过 Electronic workbench 带有的增强设计功能将数字和混合模式的仿真性能进行优化。包括 SPICE 仿真、RF 仿真、MCU 仿真、VHDL 仿真、电路向导等功能。

(4)丰富的测试仪器，提供了 22 种虚拟仪器进行电路动作的测量，这些仪器的设置和使用与真实的一样，除了 Multisim 提供的默认的仪器，还可以创建 LabVIEW 的自定义仪器，使得图形环境中可以灵活地升级测试、测量及控制应用程序的仪器。

(5)完备的分析手段，分析范围较广，并可以将一个分析作为另一个分析的一部分的自动执行。具有符合行业标准的交互式测量和分析功能。

(6)独特的射频(RF)模块，提供基本射频电路的设计、分析和仿真。射频模块由 RF-specific(射频特殊元件，包括自定义的 RF SPICE 模型)、用于创建用户自定义的 RF 模型的模型生成器、两个 RF-specific 仪器(频谱分析仪和网络分析仪)、一些 RF-specific 分析模块(电路特性、匹配网络单元、噪声系数)等组成。

(7)强大的 MCU 模块，支持 4 种类型的单片机芯片，支持对外部 RAM、外部 ROM、键盘和 LCD 等外围设备的仿真，分别对 4 种类型的芯片提供汇编和编译支持；所建项目支持 C 代码、汇编代码以及 16 进制代码，并兼容第三方工具源代码；包含设置断点、单步运行、查看和编辑内部 RAM、特殊功能寄存器等高级调试功能。

(8)完善的后处理，对分析结果进行的数学运算操作类型包括算术运算、三角运算、指数运行、对数运算、复合运算、向量运算和逻辑运算等。

(9)详细的报告，能够呈现材料清单、元件详细报告、网络报表、原理图统计报告、多余门电路报告、模型数据报告、交叉报表等 7 种报告。

(10)兼容性好的信息转换，提供了转换原理图和仿真数据到其他程序的方法，可以输出原理图到 PCB 布线(如 Ultiboard、OrCAD、PADS Layout2005、P-CAD 和 Protel)；输出仿真结果到 MathCAD、Excel 或 LabVIEW；输出网络表文件；提供 Internet Design Sharing(互联网共享文件)。

1.2 软 件 安 装

软件安装

以 Multisim12.0 教育版为例，在 Windows 7 操作系统下安装。安装步骤主要分为 3

个阶段：解压系统文件(也可以不解压，直接执行安装程序，系统自动解压)、安装系统程序、通过许可证激活。

进入"Install NI Circuit Design Suite 12.0"，填写用户资料，即用户名等，然后选择使用序列号(Serial Number)安装正式版本或选择"Install this product for evaluation(企业评估版)"。

选择合适的安装路径后再选择安装参数，可以选择"NI Circuit Design Suite 12.0 Education"；在"产品说明"对话框运行后进入"许可协议对话框"接受协议后进入安装窗口，此时只需单击"next"按钮继续安装。

安装完成后选择"Restart"，重启计算机即可结束程序安装阶段。

若前面选择安装评估版本，则只有 30 天的使用期限，若希望长时间使用，则可以通过许可证文件激活 Multisim12.0。

使用时为了启动方便，可以将 Multisim12.0 的启动设置为桌面快捷方式置于桌面。直接在桌面上单击快捷键就进入应用软件页面。

1.3　界面介绍

Multisim12.0 窗口界面中主要包含菜单栏、工具栏、元件库、仪表工具栏、电路窗口、状态栏和项目栏。

(1)菜单栏如图 1.1 所示，包括 12 个菜单项。

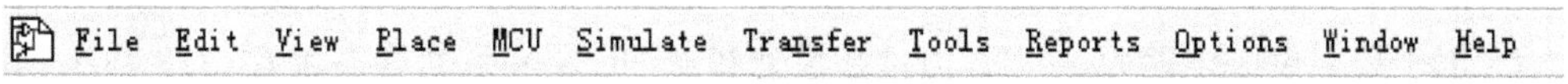

File　Edit　View　Place　MCU　Simulate　Transfer　Tools　Reports　Options　Window　Help

图 1.1　菜单栏

File：主要用于管理所创建的电路文件，包括打开、新建、存储、打印和调用文件等基本文件操作命令。

Edit：包括如剪切、复制、粘贴、位置变化、转向、回退等基本的编辑操作命令。

View：包括添加去除工具条、元件库栏，在界面窗口中显示网格，放大缩小视图尺寸以及设置各种显示元素等调整窗口视图的命令。

Place：可通过此菜单中的相应命令在窗口中放置节点、元件、总线等对象。

MCU：提供在窗口内的 MCU 的调试操作命令。

Simulate：用于仿真的设计与操作，如运行、暂停、仪表、分析等。

Transfer：可将所搭电路及分析结果传输给其他程序。

Tools：提供 20 个元件和电路编辑与管理命令，用于编辑和管理元件库或元件。

Reports：产生当前电路的各种报告，如元件清单、电路图的统计报告、电路图中未使用的剩余门电路报告等。

Options：提供 7 个有关电路界面和电路某些功能的设定命令，如全部参数设置、工作台面设置等。

Window：提供窗口操作命令，包括新建窗口、窗口层叠、调整窗口尺寸等。

程序界面

Help：为用户提供在线技术帮助和使用指导命令。

（2）工具栏如图 1.2 所示，通过工具栏，用户可以方便地使用软件的各项功能，如寻找相关设计实例、显示 3D 电路板、创建元件编辑器、电器规则校验等。

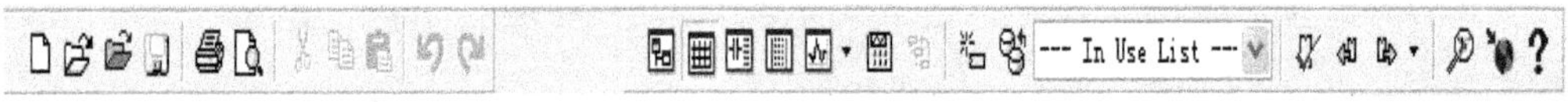

图 1.2　工具栏

（3）元件库如图 1.3 所示。从左至右，其元件库图标如下。

图 1.3　元件库

电源/信号源库：包含接地端、直流电压源（电池）、正弦交流电压源、方波（时钟）电压源、压控方波电压源等多种电源与信号源。

基本器件库：包含电阻、电容等多种元件。基本器件库中的虚拟元器件的参数是可以任意设置的，非虚拟元器件的参数是固定的，但是可以选择。

二极管库：包含二极管、可控硅等多种器件。

晶体管库：包含晶体管、FET 等多种器件。

模拟集成电路库：包含多种运算放大器。

TTL 数字集成电路库：包含 74×× 系列和 74LS×× 系列等 74 系列数字电路器件。

CMOS 数字集成电路库：包含 40×× 系列和 74HC×× 系列等多种 CMOS 数字集成电路系列器件。

其他数字器件库：包含 DSP、FPGA、CPLD、VHDL 等多种器件。

数模混合集成电路库：包含 ADC/DAC、555 定时器等多种数模混合集成电路器件。

指示器件库：包含电压表、电流表、七段数码管等多种器件。

功率组件库：电源器件库包含三端稳压器、PWM 控制器等多种功率器件。

其他数字集成电路器件库：包含晶体、滤波器等多种器件。

元件调用

外围设备库：包括液晶显示器、键盘等。

射频部件库：包含射频晶体管、射频 FET、微带线等多种射频元器件。

机电类元件库：包含开关、继电器等多种机电类器件。

NI 元件库：包含 NI 的多种常用器件。

连接元件库：包含各种电路中的连接元件。

微处理器库：包含 8051、PIC 等多种微控制器。

放置分层模块。

放置总线。

放置梯形图示。

放置阶梯连接。

（4）仪表工具栏如图 1.4 所示。通常仪表工具栏位于电路窗口的右边，每种类型可以同时使用多台，选用仪器以图标方式存在，可以将选用的仪器拖放到电路窗口内，然后可以通过双击仪器图标设置仪器参数。仪器仪表库中共提供了 22 种虚拟仪器。由上至下包括：数字万用表、函数信号发生器、瓦特表、双踪示波器、4 通道示波器、波特图仪、频率计数器、字信号发生器、逻辑分析仪、逻辑转换仪、IV 特性分析仪、失真度分析仪、频谱分析仪、网络分析仪、安捷伦(现为德科技)函数信号发生器、安捷伦万用表、安捷伦示波器、泰克示波器、实时测量探针、LabVIEW 虚拟仪器、NI 教学实验室仪器以及电流探针。

图 1.4　仪表工具栏

电路编辑窗口，位于中间区域，其下方是状态栏和项目栏，状态栏主要用于显示当前的操作以及鼠标所指的相关信息。电路窗口左侧是项目栏，可以将相关电路分层管理。

1.4　元 器 件 库

Multisim12.0 元器件库中有丰富的元器件，当仿真缺少所需元件时，也可以在现有元件模型上通过元件编辑工具进行修改或重建，有些元器件库中的原件是不能被编辑而只能修改参数的。

选择某个元件库中的元件时，可见如图 1.5 对话框左上角有三种元件数据库：Master Database，用于存放 Multisim12.0 为用户提供的大量元件模型；Corporate Database，用于多人开发项目时建立共有的元件库；User Database，用于存放用户自行开发或修改的元件模型。

若需要创建一个仿真元件，则可在主界面中单击如图 1.6 所示图标，进入元件创建向导对话框，分八个步骤，包括元件名称、类型、外形、符号信息、定义引脚、元件模型等。如图 1.7、图 1.8 和图 1.9 所示过程，创建了一个新的元件名为 74ALS00M，有 14 个引脚和 2 个隐藏引脚，存储在 User Database 数据库的 74ALSM123 中，创建好的元件可在原理图中进行调用。

图 1.5　三种元件数据库

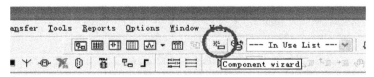

图 1.6　创建新元件按钮

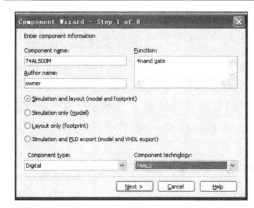 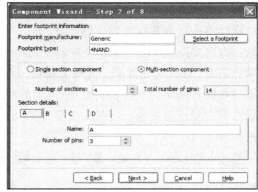

图 1.7　新创建元件名内容引脚定义

新创建元件 74ALS00M 包含 4 个与非门（A、B、C、D），如图 1.7 所示。元件连接关系，设置如图 1.8（a）所示，隐含电源线和地线。功能引脚的设置在图 1.8（b）所示界面进行。可以按设计要求，加减隐含的引脚，这个例子主要是补充两个引脚（电源和地）。电路功能引脚与封装引脚对应设置，在图 1.8（c）所示界面进行。日期设置在图 1.8（d）所示界面给出。新建元件对应的 4 个逻辑单元原理图，在图 1.9（a）所示界面给出。可以直观地观察到设置的电路原理图，方便编辑和修改。新建元件设计完成后，先放入库文件中共享，库文件选择存储在 User Database 数据库的 74ALSM123 中，如图 1.9（b）所示。

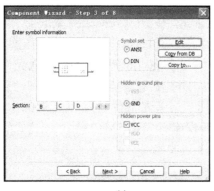 

(a)　　　　　　　　　　　　　　　　　　(b)

(c)　　　　　　　　　　　　　　　　　　(d)

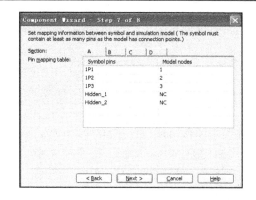

(e)　　　　　　　　　　　　　　　　　　　　　　　　　(f)

图 1.8　新建元件内容引脚连接编号

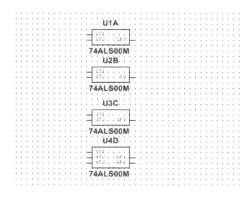

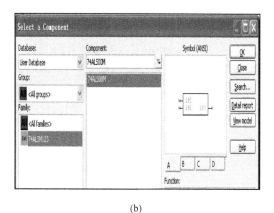

(a)　　　　　　　　　　　　　　　　　　　　　　　　　(b)

图 1.9　创建新元件逻辑图与存放库

可以在 Multisim12.0 中编辑已存在于元件库中的仿真元件。首先选择需要被编辑的元件到原理图，右击后选择 properties，如图 1.10 所示，即可编辑相关的一些参数。

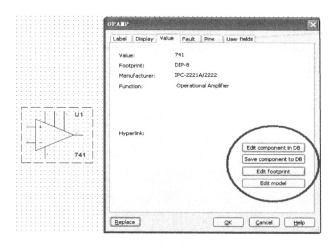

图 1.10　编辑已有元件

已在数据库中的元器件在调用时可以很方便地进行复制、粘贴等操作，而且被多次使用。

1.5　线路连接与虚拟测试

在 Multisim12.0 中连线操作很方便，将所需元件选出摆放在原理图窗口中，若需在元件之间连线，则将鼠标指针接近元件引脚一端，指针会自动变为"+"字，单击并拖动所需连接的元件引脚，当再次出现"+"字指示后，再单击即可连好一根连线。

如果将元件与已有线路的中间点连线，则如上所述从元件引脚拖动鼠标至所需连接位置后再单击，可自动连线并生成一个连接点。

在 Multisim12.0 中的两条交叉线并不相连，交叉连接节点用"·"标识，如图 1.11 所示。导线的轨迹、颜色、节点均可以进行修改。

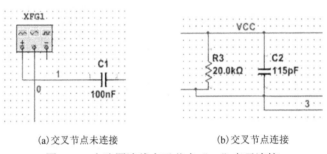

(a)交叉节点未连接　　　　　　　　(b)交叉节点连接

图 1.11　电路图连线交叉节点"·"表示连接

根据电路仿真分析需要，在选择仪器图标按钮上单击，仪器即可跟随鼠标移动，在电路窗口中选择好放置位置后再单击，即可将仪器放置在指定位置。

双击仪器图标，即可打开仪器的控制面板，进行必要的功能和参数设置。每种仪器的设置方法与使用方法都不同，大致分为参数设置与调整和电路与仪器连接两方面。

在菜单中单击 ▷ 按钮，即可开始仿真，仿真结果在测量仪器中显示。

Multisim12.0 还允许打印仿真时仪器的面板，这样可以将仪器显示的仿真结果打印输出。此项操作通过执行菜单命令 File→Print Options→Print Instrument，选择所需打印的仪器面板。

若要保存仪器仿真数据，则执行菜单命令 Options→Global Preferences 中弹开 Save页，选择保存仪器仿真数据。

电路分析中常用的仪器有数字万用表、函数发生器和示波器。3 种仪器的图标及面板如图 1.12 所示。使用时除了相应参数设置，还应注意仪器端口的连接方法。例如，函数发生器有"+"、"Common"、"−"三个输出端子，与外电路相连时，连接"+"和"Common"端子输出正极性信号，连接"Common"和"−"端子输出负极性信号，同时连接"+"、"Common"和"−"端子，且将"Common"与共地相接，则可输出两个幅值相等、极性相反的信号。又如，示波器中的"A"和 "B"两个通道接被测点，接地端应接地，但如果电路中已有接地符号，则示波器也可不接地。

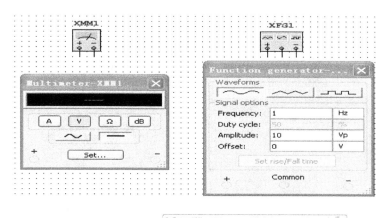

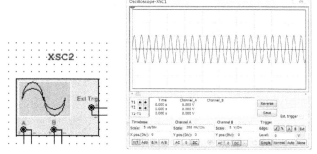

虚拟仪表

图 1.12　万用表、函数发生器、示波器的图标与面板

　　数字电路中常用到的仪器有：数字信号发生器、逻辑分析仪和逻辑转换仪。数字信号发生器的图标与面板如图 1.13 所示，可以产生 32 路位同步的逻辑信号，也称为数字逻辑信号源。面板右侧为可写入可编辑的十六进制数，可以在 Set 选项中选择数字信号的编码方式。图 1.13 中选择了右移方式编码的数据。

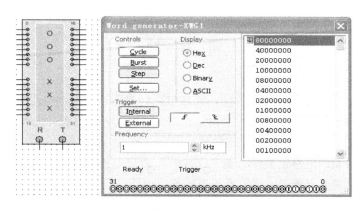

图 1.13　数字信号发生器的图标与面板

　　高频电路中常用的仪器有频谱分析仪、网络分析仪。频谱分析仪可以用于测量信号所包含的频率成分以及对应频率成分的幅度。图 1.14 为用频谱分析仪测试频率为 2kHz

正弦波的频谱，图中可见频谱分析仪的图标以及面板，中心频率为 2kHz 处有信号频谱指示。

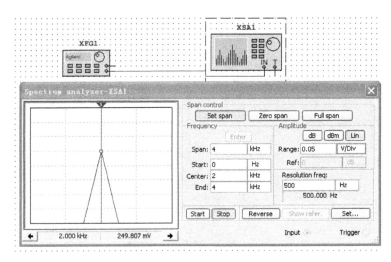

图 1.14　频谱分析仪应用

　　Multisim 软件中的虚拟仪器与工程实际的仪器保持一致的显示界面。通常在工程上有的仪器设备，在仿真软件中也设置有对应的虚拟仪器设备。其实仿真的结果是计算值，仿真显示效果在形式上与实际测试保持一致。对于初学者具有很好的意义，能够了解实验测试仪器设备的基本形式。

　　在工程实际设计领域，仿真的意义和价值越来越重要。目前的设计过程中，仿真成为重要的环节。如果仿真结果未能达到设计指标要求，则该项目一般不再继续，说明设计方案可能有问题。反之，如果仿真结果很好，则达到技术指标要求，并不能断言，设计一定成功，还需要实验验证。实验验证成功的概率相对比较高，但是也并不能保证实验一定成功。实验与仿真的差距还是存在的。仿真可以部分替代实验，大幅度减少实验环节，提高电路系统设计的效率，从而大幅度缩短设计到产品的周期。

训　练　题

　　1. 自行安装 Multisim 软件。

　　2. 打开 Multisim 电路原理图界面，调用电阻、电感、电容、电压源，并连接电路。

　　3. 在 Multisim 界面上，画出一个简单电路，调用一个万用表，仿真运行，查看某元件上的电压。试运行，并查找可能的问题。

　　4. 为什么必须给电路设置一个地"GND"？否则电路拒绝执行分析。

　　5. 调用一个交流电压源，试用万用表的直流电压挡测试某元件上的交流电压，查看会出现什么问题？

第 2 章　简单电路分析

简单电路一般指纯电阻电路，可以很容易阅读电路原理和基本特点，也可以验证一些基本原理及定理。本章主要是让初学者对电路、电路模型、基本电路变量及参考方向有一个基本的认识，通过分析和仿真示范，使初学者认识仿真分析方法、熟悉了解仿真环境。

2.1　电阻电路分析

在电路分析基础课程学习中，电阻电路占较大篇幅，也比较简单，传统的分析方法中，常选择简化的方法。在此，我们选择熟悉的方法，利用计算机仿真来验证一下。

2.1.1　分压电路

如图 2.1 所示，两个电阻串联，流过每个电阻的电流相同，每个电阻的电压是串联电路总电压的一部分，分得的部分电压与总电压和电阻值有关，利用电路原理，经过简单的分析可得电阻 R_1、R_2 的电压分别为

$$U_1 = \frac{R_1}{R_1 + R_2} \cdot U, \quad U_2 = \frac{R_2}{R_1 + R_2} \cdot U$$

这就是串联电阻的分压公式。只要合理地选择电阻 R_1、R_2 的阻值，即可方便地控制电阻分得的电压。

在电子电路中，运用分压电路，可以灵活地设计工作点，控制信号的分配，如果其中一个电阻是电位器，可以在指定范围连续调节输出电压。实现对信号的控制，许多仪器面板上的调节旋钮就是调节信号的分压值。

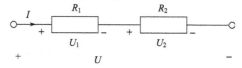

图 2.1　串联电阻分压电路

【实例 2.1】电路如图 2.2 所示，试计算 a、b 两点的电位。

1. 理论计算

由串联电阻支路的分压公式得

$$v_{ac} = \frac{R_{ac}}{R_{总}} \times v_{总} = \frac{1+10}{1+10+1} \times (12+12) = 22(\text{V})$$

$$v_{bc} = \frac{1}{1+10+1} \times (12+12) = 2(\text{V})$$

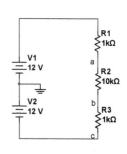

图 2.2　双电源分压电路

由电压差与电位的定义可得 a 点电位为

$$\because v_{ac} = v_a - v_c \Rightarrow v_a = v_{ac} + v_c$$

$$\because v_{ac} = 22(\text{V}), \quad v_c = -12(\text{V})$$

$$\therefore v_a = v_{ac} + v_c = 22 + (-12) = 10(\text{V})$$

同理，b 点电位为

$$v_b = v_{bc} + v_c = 2 + (-12) = -10(\text{V})$$

2. 仿真

启动 Multisim 软件，在原理图界面，调用库中元件，电阻、直流电压源等元件及万用表按照图 2.2 进行连接，得到图 2.3 所示的仿真电路。给原件赋值，运行仿真软件，仿真结果如图 2.4 所示。图中两个虚拟万用表分别读数，可以看出万用表 XMM2 代表 a 点电位为 10V，万用表 XMM1 代表 b 点电位为–10V，仿真分析结果与理论分析计算一致。

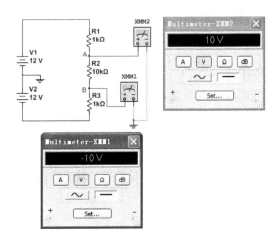

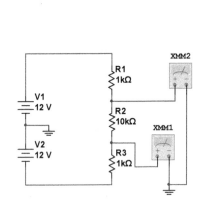

图 2.3　双电源分压电路仿真连接图　　　　　图 2.4　双电源分压电路仿真结果图

说明一下，在工程图中，常用"地"作为参考点，图中的 GND 是自动连接的，不需要再用导线连接，主要是简化图面。我们观察万用表的显示结果，直接双击该万用表图标，对应万用表的显示图会出现，如图 2.4 所示。

2.1.2　桥式电阻电路

电桥是电路中常出现的特殊结构电路，如图 2.5 所示，5 个电阻连接后，任意电阻之间既不是串联又不是并联关系，不能用简单的串、并联简化，也不能用分压、分流关系计算支路的电压电流。遇到这种电路的分析计算，可能有两种情况，如果电桥平衡，则可以将电桥中间支路用"短路"、"断路"代替后，将电路简化，回归到电阻串并联计算。如果电桥不平衡，则必须用网络分析法、戴维宁定理、Y 形、Δ 形变换等方法来求解。电桥电路的分析计算具有代表性。

【实例 2.2】如图 2.6 所示电路，当 R_2 接入电阻为 20%和 40%时，分别计算 R_5 支路的电流。

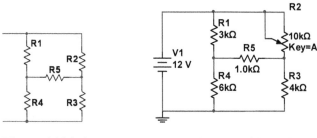

图 2.5　电桥电路　　　　　　　　　　图 2.6　电桥电路分析

1. 理论计算

平衡电桥的分析：当 $R_2 = 10\text{k}\Omega \times 20\% = 2\text{k}\Omega$ 时，由于元件参数满足 $R_1 \times R_3 = R_2 \times R_4$，即电桥平衡，$R_5$ 支路无电流，所以 $i_{R_5} = 0$。

不平衡电桥的分析：当 $R_2 = 10\text{k}\Omega \times 40\% = 4\text{k}\Omega$ 时，电桥不平衡。可以采用网络分析法、电阻 Y 形、△ 形变换、戴维宁定理等方法来求解。这里用最后一种方法来计算。将 R_5 支路断开，求该含源线性电阻单口网络的戴维宁等效电路。

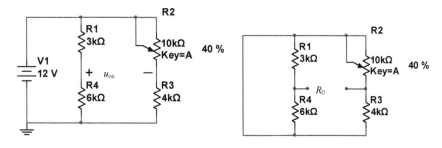

图 2.7　求开路电压等效电路　　　　　　　图 2.8　求戴维宁等效电阻电路

计算开路电压，电路如图 2.7 所示，将 R_5 支路断开，计算图中 u_{oc}。

$$u_{\text{oc}} = 12 \times \frac{6}{3+6} - 12 \times \frac{4}{4+4} = 2(\text{V})$$

计算戴维宁等效电阻 R_0。

计算戴维宁等效电阻的电路如图 2.8 所示。

$$R_0 = \frac{3 \times 6}{3+6} + \frac{4}{4+4} \times 4 = 4(\text{k}\Omega)$$

简化计算，将原电路等效化简，如图 2.9 所示，即戴维宁等效电路，R_5 支路电流：

$$i_{R_5} = \frac{2\,\text{V}}{(4+1)\text{k}\Omega} = 0.4\text{mA}$$

2. 仿真分析

启用 Multisim，调用电阻、直流电压源、滑动电阻器等元件及万用表按照图 2.10 进行连接。运行仿真软件，调节电阻 R_2 的值分别为 2kΩ 和 4kΩ，仿真结果如图 2.11 所示。

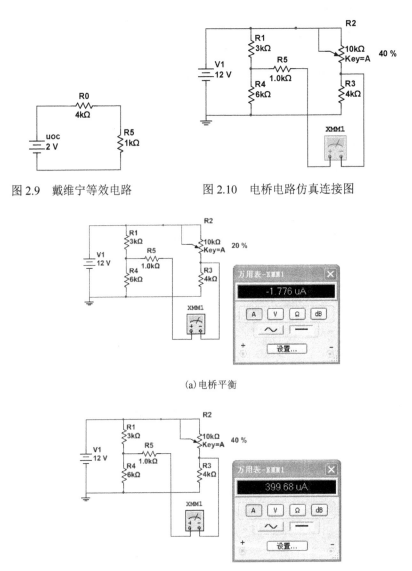

图 2.9　戴维宁等效电路　　　　　图 2.10　电桥电路仿真连接图

(a) 电桥平衡

(b) 电桥不平衡

图 2.11　电桥电路仿真结果图

由仿真分析结果可知，当电桥平衡时，R_5 支路的电流约为 0；当电桥不平衡时，R_5 支路的电流为 0.4mA，理论分析与仿真基本结果一致。略有差异说明计算仿真时，没有选择理想的参数(如电流表、电源内阻、导线电阻等)，而是考虑了实际参数。

2.1.3　万用表头扩量程电路分析

如图 2.12 所示，两个电阻并联，流过每个电阻的电流是流入并联电路总电流的一部分，分得的部分电流与总电流和电阻值有关，利用电路原理，经过简单的分析可得 R_1、R_g 支路电流分别为

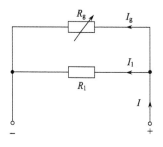

$$I_1 = \frac{R_g}{R_1 + R_g} \cdot I$$

$$I_g = \frac{R_1}{R_1 + R_g} \cdot I$$

图 2.12　并联电阻分流电路

这就是并联电阻的分流公式。只要合理地选择电阻 R_1、R_g 的阻值，即可方便地控制支路分得的电流。万用表电流挡扩大测量量程的基本原理，就是基于两个并联电阻支路分流公式的应用。

机械万用表表头是万用表进行电压、电流和电阻等各种电路参量测量的公用部分。磁电式机械万用表表头内部有一个安在永磁磁钢内可转动的线圈，它的电阻为表头的内阻，线圈通有电流之后，在磁场力的作用下会发生偏转，偏转的角度与线圈中通过的电流成正比，固定在线圈上的指针随线圈一起偏转。当指针指示满刻度时，线圈中通过的电流称为满偏电流。

【实例 2.3】 某 MF-30 型万用电表测量直流电流的电原理图如图 2.13 所示，表头的满偏电流 I_g 为 37.5μA，表头内阻 R_g 为 2kΩ，为了扩大量程，将表头并联一系列电阻，用波段开关切换，从而扩大为不同的量程。

当开关依次从左至右接通不同的电阻入口时，可分别实现满量程为：50μA、0.5mA、5mA、50mA、500mA 的电流测量，试求各分流电阻的阻值。

1. 理论分析

当量程为 50μA 时，开关 K 滑到"5"，$I_g = 37.5μA$，$I = 50μA$，$R_g = 2kΩ$，由分流公式

$$I_g = \frac{R_1 + R_2 + R_3 + R_4 + R_5}{R_g + R_1 + R_2 + R_3 + R_4 + R_5} I$$

可得

$$R_1 + R_2 + R_3 + R_4 + R_5 = \frac{I_g R_g}{I - I_g} = \frac{37.5 \times 10^{-6} \times 2 \times 10^3}{50 \times 10^{-6} - 37.5 \times 10^{-6}} = 6(kΩ)$$

当量程为 0.5mA 时，开关 K 滑到"4"，$I_g = 37.5μA$，$I = 0.5mA$，$R_g = 2kΩ$，设 $R_总 = R_g + R_1 + R_2 + R_3 + R_4 + R_5 = 8kΩ$，由分流公式

$$I_g = \frac{R_1 + R_2 + R_3 + R_4}{R_g + R_1 + R_2 + R_3 + R_4 + R_5} I$$

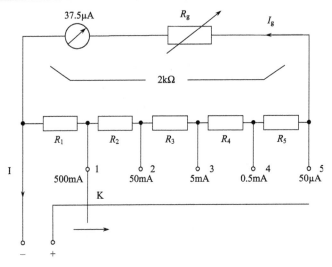

图 2.13　万用表电流挡扩量程的基本原理电路

可得

$$R_1 + R_2 + R_3 + R_4 = \frac{I_g}{I} \times R_总 = \frac{37.5 \times 10^{-6}}{0.5 \times 10^{-3}} \times 8 \times 10^3 = 600(\Omega)$$

当量程为 5mA 时，开关 K 滑到"3"，$I_g = 37.5\mu A$，$I = 5mA$，由分流公式

$$I_g = \frac{R_1 + R_2 + R_3}{R_g + R_1 + R_2 + R_3 + R_4 + R_5} I$$

可得

$$R_1 + R_2 + R_3 = \frac{I_g}{I} \times R_总 = \frac{37.5 \times 10^{-6}}{5 \times 10^{-3}} \times 8 \times 10^3 = 60(\Omega)$$

当量程为 50mA 时，开关 K 滑到"2"，$I_g = 37.5\mu A$，$I = 50mA$，由分流公式

$$I_g = \frac{R_1 + R_2}{R_g + R_1 + R_2 + R_3 + R_4 + R_5} I$$

可得

$$R_1 + R_2 = \frac{I_g}{I} \times R_总 = \frac{37.5 \times 10^{-6}}{50 \times 10^{-3}} \times 8 \times 10^3 = 6(\Omega)$$

当量程为 500mA 时，开关 K 滑到"1"，$I_g = 37.5\mu A$，$I = 500mA$，由分流公式

$$I_g = \frac{R_1}{R_g + R_1 + R_2 + R_3 + R_4 + R_5} I$$

可得

$$R_1 = \frac{I_g}{I} \times R_总 = \frac{37.5 \times 10^{-6}}{500 \times 10^{-3}} \times 8 \times 10^3 = 0.6(\Omega)$$

综合以上分析计算，可得

$$R_1 = 0.6\Omega，\quad R_2 = 5.4\Omega，\quad R_3 = 54\Omega，\quad R_4 = 540\Omega，\quad R_5 = 5.4k\Omega$$

2. 仿真分析

接下来通过计算机仿真分析来验证前面的分析结果，查看是否实现了量程的相应扩展。并联支路各电阻的取值，严格按前面计算出的数字赋值。启动并运行 Multisim 软件，调用电阻、直流电流源、开关等元件及万用表按照图 2.14 所示电路结构进行连接。

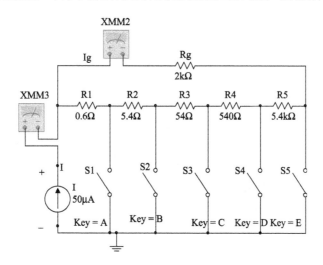

图 2.14　万用表表头分流电路仿真连接图

50μA 量程验证分析：

闭合开关 S_5，其余开关全部断开，运行电路仿真。如图 2.15 所示，当流入万用表的被测总电流是 50μA 时，由仿真结果显示数据可知，流过表头支路电流是 37.5μA（显示 37.484μA），达到满偏刻度。显然实现了将 37.5μA 表头扩展成 50μA 量程的电流测量表（显示 49.988μA）。

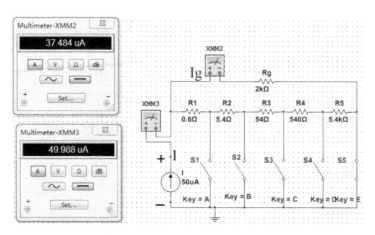

图 2.15　被测电流是 50μA 时仿真结果

0.5mA 量程验证分析：

闭合开关 S_4，其余开关全部断开，运行电路仿真。如图 2.16 所示，当流入万用表的被测总电流是 0.5mA 时（显示 499.933μA），由仿真结果显示数据可知，流过表头支路电流是 37.5μA（显示 37.47μA），达到满偏刻度。实现了将 37.5μA 表头扩展成 0.5mA 量程的电流测量表。

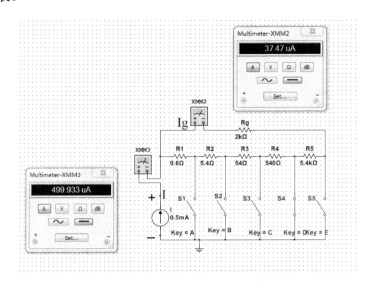

图 2.16　被测电流是 0.5mA 时仿真结果

说明一下，在工程设计中，允许一定误差，要求控制在指定的范围内，即认可符合要求。而仿真分析中，虚拟万用表本身也引入了一定的电阻参数，参数与实际万用表参数基本保持一致。仿真中，这些参数会被代入仿真分析中。

5mA 量程验证分析：

闭合开关 S_3，其余开关全部断开，运行电路仿真。如图 2.17 所示，当流入万用表的

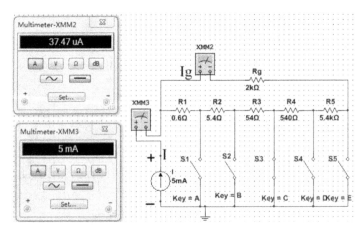

图 2.17　被测电流是 5mA 时仿真结果

被测总电流是 5mA 时，由仿真结果显示数据可知，流过表头支路电流是 37.5μA（37.47μA），达到满偏刻度。实现了将 37.5μA 表头扩展成 5mA 量程的电流测量表。

50mA 量程验证分析：

闭合开关 S_2，其余开关全部断开，运行电路仿真。如图 2.18 所示，当流入万用表的被测总电流是 50mA 时，由仿真结果显示数据可知，流过表头支路电流是 37.5μA（37.47μA），达到满偏刻度。实现了将 37.5μA 表头扩展成 50mA 量程的电流测量表。

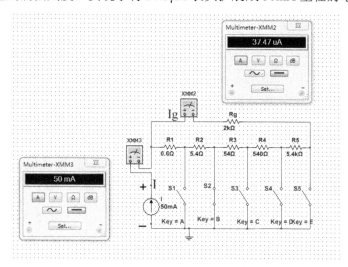

图 2.18　被测电流是 50mA 时仿真结果

500mA 量程验证分析：

闭合开关 S_1，其余开关全部断开，并运行电路。如图 2.19 所示，当流入万用表的被测总电流是 500mA 时，由仿真结果显示数据可知，流过表头支路电流是 37.5μA（37.47μA），达到满偏刻度。实现了将 37.5μA 表头扩展成 500mA 量程的电流测量表。

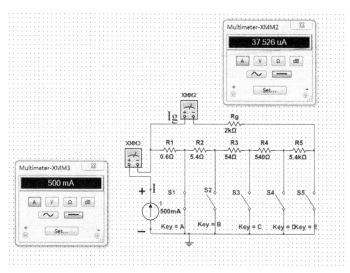

图 2.19　被测电流是 500mA 时仿真结果

综上所述，表头并联上特定阻值的电阻后，通过选择开关，适当切换，量程可以分别扩展为 50μA、0.5mA、5mA、50mA、500mA。

2.2 网络分析法

电路也称网络或者电网络。电路基本理论：在集总假设条件下，已知电路拓扑结构和元件参数的情况下，可计算电路中各支路电压、电流等。关于这个理论，在电路分析教科书中已经介绍。

由此理论引出的方法(2b 分析法)。根据线性方程组来确定，也就是由第一类约束和第二类约束构成。由于 2b 分析法对于人工计算来说过于复杂，就演变出很多简化的计算机分析方法，这也是传统电路分析基础的核心内容。在求解电路时，根据不同的需要，派生出不同的分析方法。常见的网络分析方法有：2b 分析法、支路分析法、节点分析法、回路分析法、网孔分析法等。这些方法的应用，在一定程度上简化了电路分析。

随着计算机的出现，复杂的计算量已经不是问题。因此，很多网络分析方法的应用也越来越少。当然，我们在学习过程中，还是选择这些经典的分析方法作为讨论对象，其主要目的是帮助我们加深对电路基本原理的理解。

2.2.1 网孔分析

网孔分析法是一种有效的分析方法。设电路有 b 个支路电流，受 KCL 定律约束，可以认为部分支路电流是独立变量，另一部分则由这些独立电流来确定。选择认定的独立支路电流作为中间变量，建立电路方程，可以减少电路方程数。先解出中间变量，再通过中间变量找出余下的非独立变量，就求解出全部 b 个支路电流。

对于 b 条支路、n 个节点的平面连通电路，其($b{-}n{+}1$)个支路电流是独立变量。有多种组合可能。而网孔电流是最容易找到的，网孔电流就是一组独立电流变量。以独立回路电流为解变量的网络求解方法称为回路分析法，以网孔电流为解变量的网络分析法称为网孔分析法。网孔分析法是回路分析的一个特例。如图 2.20 所示，6 条支路，3 个网孔，仅需要先找到 3 个网孔电流。余下 3 个电流可以通过 3 个网孔电流线性组合。

【实例 2.4】如图 2.20 所示，列写网孔方程并求各网孔电流。

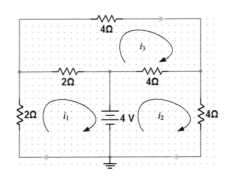

图 2.20 计算网孔电流

1. 理论分析

3 个网孔，设 3 个网孔电流 i_1，i_2，i_3 及参考方向如图 2.20 所示。

根据网孔方程规则，可直接列写网孔方程为(矩阵表达式)

$$\begin{pmatrix} 4 & 0 & -2 \\ 0 & 8 & -4 \\ -2 & -4 & 10 \end{pmatrix} \begin{pmatrix} i_1 \\ i_2 \\ i_3 \end{pmatrix} = \begin{pmatrix} -4 \\ 4 \\ 0 \end{pmatrix}$$

也可以不用矩阵表达，直接写出三个线性方程，即

网孔①

$$(2+2)i_1 - 2i_3 = -4$$

网孔②

$$(4+4)i_2 - 4i_3 = 4$$

网孔③

$$(2+4+4)i_3 - 2i_1 - 4i_2 = 0$$

联立求解可得

$$i_1 = -1\text{A}, \quad i_2 = 0.5\text{A}, \quad i_3 = 0\text{A}$$

2. 仿真分析

启动电路仿真程序，画出仿真电路如图 2.21 所示，设置元件参数，运行仿真软件，仿真分析结果如图 2.21 所示，计算机仿真数据与理论计算结果吻合。由于是直流电流，可以利用电路分析中的工作点模式，直接标注显示电流值。

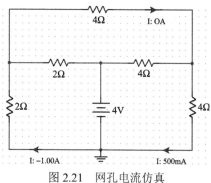

图 2.21　网孔电流仿真

其实，计算机并不是按网孔分析法计算的，计算机不怕复杂，但是，不论哪一种方法，其结果必然是一致的。也就是说，每个支路电流必然可以求解，解是唯一的。不可能方法不同，得到的结果也不同。例如，利用人工的网孔分析法，计算的结果与计算机仿真的结果，其各点的电压、电流值肯定是一致的。在这里借助计算机仿真验证一下。

2.2.2　节点分析法

节点分析法也是电路分析经典方法之一。对于一个连通电路，总可以找到一个参考

点，习惯设为地"GND"。其余节点到地的电压称节点电压。通过理论分析可知，节点电压是一组独立变量。该电路中所有支路电压可以由节点电压线性组合。因此，节点电压可以作为一组中间变量，列写节点电压方程(阶数减少)，先求出节点电压，再通过节点电压求出全部支路电压，从而进一步求出全部支路电流。

【**实例 2.5**】如图 2.22 所示，节点分析法和计算机仿真分析计算各节点电压。

1. 理论分析

图 2.22 中有 4 个节点，选择 1 个为地，习惯标注 0 节点。余下的 3 个节点到 0 节点电压，即为节点电压。根据节点分析法可列出 3 个独立节点的节点方程(注意，参考节点地理论上可以任选，地不同，节点电压不同，但是，不论哪种选择，最终每个支路电压必须是相同的)。

可以直接按规则列写节点方程矩阵形式，在此也可以直接单独写每个节点的方程。
节点①

$$\left(1+\frac{1}{2}+\frac{1}{4}\right)u_1-\frac{1}{2}u_2-\frac{1}{4}u_3=2$$

节点②

$$\left(\frac{1}{2}+\frac{1}{2}+\frac{1}{4}\right)u_2-\frac{1}{2}u_1-\frac{1}{2}u_3=0$$

节点③

$$\left(\frac{1}{2}+\frac{1}{4}+\frac{1}{8}\right)u_3-\frac{1}{4}u_1-\frac{1}{2}u_2=1$$

联立求解方程，可得

$$u_1=\frac{32}{15}\approx2.133(\text{V}),\quad u_2=\frac{272}{135}\approx2.0148(\text{V}),\quad u_3=\frac{592}{135}\approx2.9037(\text{V})$$

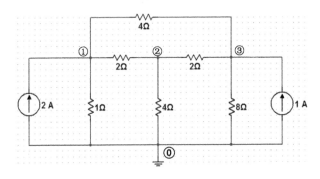

图 2.22　计算电路中节点电压

2. 仿真分析

启动仿真程序，画出仿真电路如图 2.22 所示，设置好所有元件参数，运行仿真软件，仿真分析结果如图 2.23 所示，与理论分析结果一致。

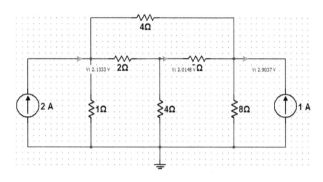

图 2.23　计算机仿真分析电路和节点电压分析结果

2.2.3　含非独立源网络分析

受控源又称为非独立源。一般来说，一条支路的电压或电流受本支路以外的其他因素控制时统称为受控源。受控源可分为四种类型，分别是电流控制电压源(CCVS)、电压控制电流源(VCCS)、电流控制电流源(CCCS)和电压控制电压源(VCVS)。受控源描述的是电路中两条支路电压和电流间的一种约束关系。

在分析含受控源电路时，无论采用网孔分析法还是节点分析法，都首先将受控源看作独立源来列写方程，然后增加受控源所描述的约束关系补充方程即可。

【**实例 2.6**】如图 2.24 所示，求网孔电流。

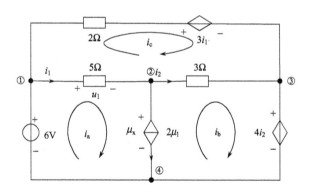

图 2.24　含受控源电路的分析

1. 理论分析

电路中含有 3 个受控源，其中两个受控电压源，一个受控电流源。受控电流源既不能作等效变换又不在外围支路中，因此增加该受控电流源端电压变量 u_x，设 3 个网孔电流 i_a，i_b，i_c 及参考方向如图 2.24 中标示。按规则列写网孔方程，首先将受控源看作独立源，列写网孔方程如下。

网孔 a

$$5i_\mathrm{a} - 5i_\mathrm{c} = 6 - u_x$$

网孔 b

$$3i_\mathrm{b} - 3i_\mathrm{c} = u_x - 4i_2$$

网孔 c

$$(2+3+5)i_\mathrm{c} - 5i_\mathrm{a} - 3i_\mathrm{b} = -3i_1$$

补充方程，补充网孔电流与电流源之间的关系

$$2u_1 = i_\mathrm{a} - i_\mathrm{b}$$

补充受控源的控制变量与网孔方程之间的关系方程

$$\begin{cases} i_1 = i_\mathrm{a} - i_\mathrm{c} \\ i_2 = i_\mathrm{b} - i_\mathrm{c} \\ u_1 = 5i_1 = 5(i_\mathrm{a} - i_\mathrm{c}) \end{cases}$$

求解方程组，联立求解 7 个独立方程的方程组，可得

$$i_\mathrm{a} = \frac{69}{58} \approx 1.1897(\mathrm{A}), \quad i_\mathrm{b} = \frac{129}{58} \approx 2.2414(\mathrm{A}), \quad i_\mathrm{c} = \frac{75}{58} \approx 1.2931(\mathrm{A})$$

u_x 是引入的参变量(中间变量)，可以不求解它。引入这个量之后，就可以将中间支路的电流源转化为电压为 u_x 的电压源，即可按常规方法列写网孔方程。

2. 仿真分析

启动仿真程序，按图 2.24 所示电路画出图 2.25 所示仿真电路，画电路时，特别是画受控源时，要格外小心，否则易出错。设置好所有元件参数，运行仿真软件，仿真计算结果如图 2.25 所示，与理论分析计算结果一致。

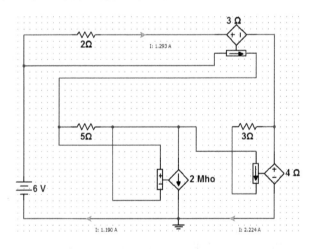

图 2.25　网孔电流的计算机仿真分析结果

【注意事项】 在网络理论分析计算中，选择哪种方法完全是随意的，哪种方法都可以。电路分析以最简、最快、方便计算为追求目标，所以，实际网络分析计算时，用什

么方法更好，还是有选择的。根据电路的结构和元件特点考虑，会有一些优选，优选的一般原则是，可以从如下几个方面考虑。

(1)一个网络，相比之下，节点少、回路多，优选节点电压分析法。

(2)回路少、节点多，优选回路(网孔)电流分析法。

(3)两个节点间电压源独占支路多，优选节点电压分析法。

(4)电流源在独立回路(或网孔边上的支路)多优选回路(或网孔)分析法。

当然，计算机仿真分析计算，就无所谓哪个方法更优了，计算机不怕繁杂，而且简单的方法也不一定快多少。

训　练　题

1. 利用 Multisim 验证一个三路的分压公式。

2. 利用 Multisim 验证一个三路的分流公式。

3. 网孔分析法可以不设置地，但是对于 Multisim 仿真软件，没有地是不能运行的，请你推测是什么原因？

4. 自行设置一个无源的电阻网络，利用 Multisim 提供万用表的欧姆挡直接测量获得其某端口的等效电阻，并通过计算验证。

5. 设置一个交流电压源 220V/50Hz，连接一定负载电阻，利用计算机软件中的虚拟万用表测量其某支路上的交流电压(注意观察其值)。

第3章 电路的基本定理

根据电路分析理论，两类约束，独立方程数为 $2b$ 个，b 是电路的支路数。随着电路元件的增加，其计算量呈几何级数增加。因此，发展出一些分解电路方式，简化电路分析，从而减少计算量，电路中出现一些基本定理，如叠加定理也是线性系统的一种特性，称为线性相加，针对某些电路，灵活利用可以大幅度简化计算量。相关理论证明在理论教材中介绍。在此我们仅介绍其应用和验证。

3.1　叠　加　定　理

一个线性电路，其某个元件(或者支路)的电压或电流，是由电路中所有独立电源共同作用的结果。根据叠加定理：该电压或者电流等于每一个独立电源单独作用所产生的相应电压或电流的代数和。换句话说，就是电路中某个元件的电压或者电流，是所有独立源共同作用的结果，这个结果也等于每个独立源单独作用的结果相加，即叠加。

反之亦然，如果某个电路，其任一支路的电流(或电压)，是电路中每个独立电源单独作用于电路时，在该支路产生的电流(或电压)的代数和(叠加)，可以推论，该电路满足线性电路特性。

电路中某个元件(或支路)电压或者电流由 N 个独立源共同作用的结果，分解成每个独立源单独作用，再相加，每个独立源单独作用的电路一般可以通过电路的原理简化一些，这样电路分析难度可降低，且计算量大幅度下降。例如，电路中每个独立电源单独作用于电路时，其他独立电源置0，其中电流源可视为"开路"，因其电流为0，电压源可以视为"短路"，因其电压为0，这样置0后，电路拓扑可简化，电路中仅余一个独立源，可以视为输入端，计算某个元件上的电压，可以视为输出端，再利用单口网络或者双口网络参数等效模型，可以大幅度简化电路。

【实例 3.1】　如图 3.1 所示，用叠加定理计算 R_1 和 R_2 上的电压。

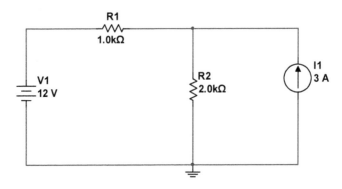

图 3.1　用叠加方法计算电阻电压

1. 理论分析

根据叠加定理，图 3.1 中独立电压源和独立电流源同时作用，在电阻 R_1 上产生的电压应该等于独立电压源单独作用时在电阻 R_1 上产生的电压与独立电流源单独作用时在电阻 R_1 上产生的电压的代数和。

利用前面学过的网络(网孔电流或节点电压)分析法计算，可以得到 R_1 电阻上的电压为 $U_1=-1.996$kV(参考方向左正右负)，电阻 R_2 上的电压为 $U_2=2.008$kV(参考方向上正下负)。

用叠加定理计算电阻 R_1 上的电压。

当 12V 电压源单独作用时(3A 电流源置零，用"开路"代替)

$$U_1' = \frac{R_1}{R_1 + R_2} \times V_1 = \frac{1}{3} \times 12 = 4(\text{V})$$

当 3A 电流源单独作用时(12V 电压源置零，用"短路"代替)

$$U_1'' = -\frac{R_1 R_2}{R_1 + R_2} \times I_1 = -2(\text{kV})$$

两个电源同时作用，则根据叠加定理得

$$U_1 = U_1' + U_1'' = -2\text{kV} + 4\text{V} = -1996\text{V}$$

同理，利用叠加定理也可以计算电阻 R_2 上的电压为 $U_2=2008$V(参考方向上正下负)。

2. 仿真分析

对图 3.1 所示电路进行仿真。共同作用电压数值，启动 Multisim12 电路窗口，依次放置直流电压源(12V)，直流电流源(3A)，电阻 R_1(1.0kΩ)，R_2(2.0kΩ)，接地线，然后连线，按图 3.1 绘制仿真电路。放置虚拟万用表。再单击仿真电源开关 RUN，启动电路仿真。得到电路仿真结果如图 3.2 所示。得到电阻 R_1 上的电压为 $U_1=-1.996$kV，电阻 R_2 上的电压为 $U_2=2.008$kV。

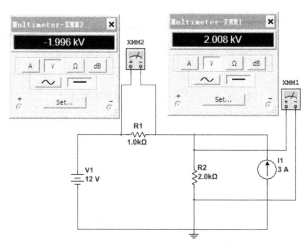

图 3.2　计算机分析——所有电源共同作用

　　验证，当 12V 独立电压源单独作用时，仿真结果如图 3.3 所示。得到电阻 R_1 上的电压为 U_1=4V。同样，也可以得到电阻 R_2 上的电压为 U_2=8V。

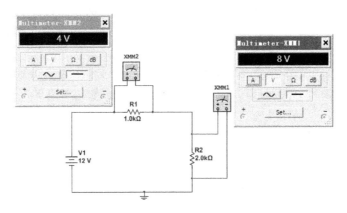

图 3.3　计算机分析——电压源单独作用

　　验证，当 3A 独立电流源单独作用时，仿真结果如图 3.4 所示。得到电阻 R_1 上的电压为 U_1=−2kV。同样，也可以得到电阻 R_2 上的电压为 U_2=2kV。

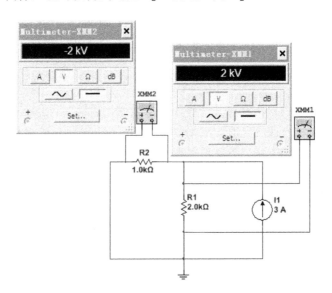

图 3.4　计算机分析——电流源单独作用

　　由以上仿真结果，得到叠加定理的验证。图 3.2 的仿真结果为图 3.3 和图 3.4 的仿真结果的叠加。即电阻 R_1 上的电压 $U_1 = U_1' + U_1'' = 4 + (-2\,\mathrm{kV}) = -1996\,\mathrm{V}$；电阻 R_2 上的电压 $U_2 = U_2' + U_2'' = 8\,\mathrm{V} + 2\,\mathrm{kV} = 2008\,\mathrm{V}$。

　　【注意事项】在使用叠加定理分析计算电路时，应注意以下几点。

　　(1)叠加定理只能用于计算线性电路(即电路中的元件均为线性元件)的支路电流或电压(不能直接进行功率的叠加计算，因为功率与电压或电流是平方关系，而不是线性关系)。

(2) 电路中一次计算可以是一个电源单独作用，也可以是几个电源一起作用。

(3) 某个电源单独作用，是指独立电源，非独立源不能单独作用。

(4) 电压源不作用时应视为短路——即用"短路"线代替电压源，电流源不作用时应视为断路——即用"断路"或开路线代替电流源；电路中所有线性元件的参数和结构(包括电阻、电感和电容)都不予更动，受控源则保留在电路中。但受控源的控制量必须变更。

(5) 叠加时要注意电流或电压的参考方向，正确选取各分量的正负号。

3.2 戴维宁定理

戴维宁定理是电路理论中一个重要定理，其描述为：对于一个线性含源的二端网络(也称单口网络)，可以用一个电压源与电阻串联的支路来等效。电压源的电压，就是该单口网络的开路电压，用 u_{OC} 表示，串联的电阻就是当网络内部所有独立电源均置零以后，从该单口网络端口看进去的等效电阻，用 R_0 表示。

在电路教材中，习惯表达，当单口网络视为电源时，常称此电阻为输出电阻，常用 R_0 表示；当单口网络视为负载时，则称为输入电阻，并常用 R_i 表示。电压源 u_{OC} 和电阻 R_0 的串联单口网络，常称为戴维宁等效电路。

如图 3.5 所示，当单口网络端口电压和电流采用关联参考方向时，图 3.5(a) 网络端口的 VCR 为： $u = A + Bi$ ，图 3.5(b) 电路端口的 VCR 为： $u = u_{oc} + R_0 i$ ，若两个电路端口特性在任意时刻都一样，则用图 3.5(b) 串联支路代替图 3.5(a) 单口网络不会影响端口以外电路的响应，这时称图 3.5(b) 电路是图 3.5(a) 网络的戴维宁等效电路，也可以等效成图 3.5(c) 所示诺顿等效电路。

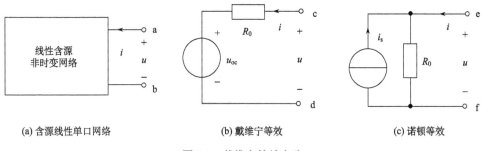

(a) 含源线性单口网络   (b) 戴维宁等效   (c) 诺顿等效

图 3.5 戴维宁等效电路

若将图 3.5(b) 电路端钮 cd 短路，流过 cd 的电流为 I_{sc} ，此时的 VCR 为： $u = u_{oc} - R_0 I_{sc} = 0$ ， $\Rightarrow R_0 = \dfrac{u_{oc}}{I_{sc}}$ ，其提供了求 R_0 的一种方法。如果网络端口处不可直接短路，则在端口外加一个已知的电阻 R，并测得电压为 u_{cd} 。在 cd 接上 R 后的端钮 VCR 为

$$u_{cd} = u_{oc} + R_0 i = -Ri \Rightarrow R_0 = \frac{u_{oc} - u_{cd}}{u_{cd}} R = \left(\frac{u_{oc}}{u_{cd}} - 1 \right) R$$

戴维宁定理和诺顿定理是电路简化最常用的定理。由于戴维宁定理和诺顿定理都是将有源二端网络等效为电源支路，所以也称为等效电源定理。

【**实例 3.2**】试计算如图 3.6(a)所示电路的戴维宁等效电路。

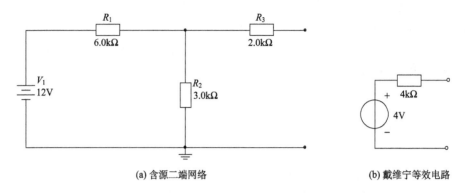

(a) 含源二端网络　　　　　　　　(b) 戴维宁等效电路

图 3.6　计算其戴维宁等效电路

1. 理论分析

计算戴维宁等效电路中电压源的电压 u_{oc}。根据戴维宁定理，等效电路中电压源的电压 u_{oc} 就是端口开路时的电压，计算得

$$u_{oc} = \frac{R_2}{R_1 + R_2} \times V_1 + V_{R_3} = 4(\text{V})$$

戴维宁等效电路中的串联电阻 R_0。根据戴维宁定理，等效电路中的等效电阻为端口内部独立电源全部为零时的等效电阻，即将 12V 电压源用"短路线"代替后，从开口处向网络看进去的等效电阻

$$R_0 = R_3 + R_1 /\!/ R_2 = R_3 + \frac{R_1 R_2}{R_1 + R_2} = 4 \ (\text{k}\Omega)$$

等效电阻 R_0 还可以由端口开路电压与端口短路电流的比值求出。
端口短路电流为

$$I_{sc} = \frac{V_1}{R_1 + R_2 /\!/ R_3} \times \frac{R_2}{R_2 + R_3} = 1(\text{mA})$$

所以

$$R_0 = \frac{u_{oc}}{I_{sc}} = \frac{4\,\text{V}}{1\text{mA}} = 4\text{k}\Omega$$

经计算，得到两个重要参数 u_{oc} 和 R_0，根据戴维宁定理，图 3.6(a)所示二端网络可以简化为图 3.6(b)所示的等效电路。

2. 仿真分析

对图 3.6(a)的电路进行仿真。画仿真电路，设置元件参数、放置虚拟仪表，打开 Multisim12 电路窗口，依次放置直流电压源(12V)，R_1 电阻(6.0kΩ)，R_2 电阻(3.0kΩ)，R_3 电阻(2.0kΩ)，接地线。然后连线，按照图 3.6(a)绘制好仿真电路。然后放置虚拟万用表。

测量二端网络端口的开路电压，运行仿真软件。单击仿真电源开关 RUN，启动电路仿真。得到电路仿真结果如图 3.7 所示，端口的开路电压为 4V。

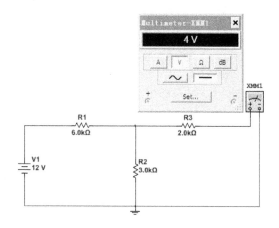

图 3.7　开路电压仿真分析

测量二端网络端口的短路电流。端口的短路电流的仿真结果如图 3.8 所示，短路电流 $I_{sc} = 1\text{mA}$。由此可得戴维宁等效电阻为

$$R_0 = \frac{u_{oc}}{I_{sc}} = \frac{4\text{V}}{1\text{mA}} = 4\text{k}\Omega$$

对比理论计算和以上仿真分析结果，验证了戴维宁定理的正确性。

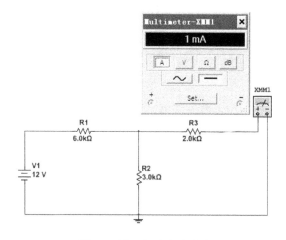

实例 3.2

图 3.8　端口短路电流仿真

【注意事项】

(1)戴维宁定理只对端口外电路等效，对端口内电路不等效。也就是说，不可应用该定理求出等效电源电动势和内阻之后，又返回来求原电路(即有源二端网络内部电路)的电流和功率。

(2)应用戴维宁定理进行分析和计算时，如果待求支路后的有源二端网络仍为复杂电

路，则可对简化的电路再次运用戴维宁定理简化，直至成为简单电路。

（3）戴维宁定理只适用于线性的有源二端网络。如果有源二端网络中含有非线性元件，则不能应用戴维宁定理求解。

3.3　最大功率传输定理

最大功率传输定理是电路理论中一个十分重要的定理，在实际工程中广泛应用。其理论很简单。在此不推导，直接应用其结果。

在电子电路工程中，特别是在两个模块之间传递信号时，我们并不关心电路所有细节，转而对电路中两个部分在能量传递或交换效率方面更感兴趣。什么情况下有最大的能量交换关系？最大功率传输定理回答了这个问题：含源线性电阻单口网络向可变负载 R_L 传输最大功率的条件是：负载电阻 $R_L=R_0$。其中，R_0 为含源线性电阻单口网络的输出电阻，$R_0>0$。此时，负载获得功率为最大。

如图 3.9 所示，首先应用戴维宁定理将图 3.9（a）含源线性电阻单口网络简化成图 3.9（b），可以计算图 3.9（b）负载获得的功率为最大。

$$P = \frac{u_{oc}^2 R_L}{(R_0 + R_L)^2}$$

给定含源线性电阻单口网络的参数 u_{oc} 和 R_0 是一定的，则输出功率 P 是负载电阻 R_L 的函数。利用数学知识可以证明 $R_L=R_0$ 时，P 为最大值，且

$$P_{max} = \frac{u_{oc}^2}{4R_0}$$

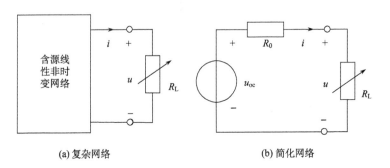

(a) 复杂网络　　　　　　　　　　　　　　　(b) 简化网络

图 3.9　最大功率传输定理

下面用 Multisim 仿真软件来分析并验证最大功率传输定理。

【实例 3.3】电路如图 3.10 所示，根据最大功率传输定理，当调节可变电阻的滑动端在不同的位置时，负载上获得的最大功率应该是负载电阻与输出电阻相等时的功率，并且最大功率为 $P_{max} = \dfrac{u_{oc}^2}{4R_0} = \dfrac{(12V)^2}{4 \times 2k\Omega} = 18mW$。

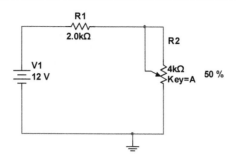

图 3.10　最大功率传输分析

　　打开 Multisim12，在电路窗口中，放置直流电压源（12V），电阻 R_1（2.0kΩ），可变电阻 R_2（4.0kΩ），地线，连线。然后放置虚拟功率分析仪，也称瓦特表。再单击仿真电源开关 RUN，启动电路仿真。当可变电阻的输出端在中间位置 A，即可变电阻的阻值为 2kΩ 时，仿真结果如图 3.11 所示。

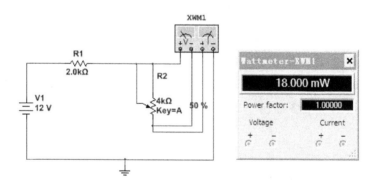

图 3.11　最大功率传输验证——负载电阻等于单口网络内阻

　　当可变电阻的输出端在位置 B，即可变电阻的阻值为 1kΩ 时，仿真结果如图 3.12 所示。

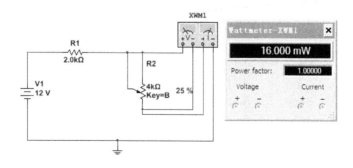

图 3.12　最大功率传输验证——负载电阻小于单口网络内阻

　　当可变电阻的输出端在位置 C，即可变电阻的阻值为 3kΩ 时，仿真结果如图 3.13 所示。

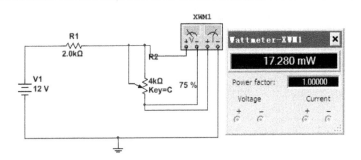

图 3.13　最大功率传输验证——负载电阻大于单口网络内阻

　　由以上仿真结果可见，只有当可变电阻的阻值为 $2k\Omega$ 时，获得的功率最大，为 18mW，当可变电阻的阻值小于或大于 $2k\Omega$ 时，获得的功率均小于 18mW，也可以通过更多的仿真点，从而验证了最大功率传输定理。

　　当电源为交流信号时，上述的定理仍然有效。由于交流信号的功率是一个变化值，所以，习惯用平均值（平均功率）表达。关于平均功率将在后续章节讨论。

3.4　替代定理

　　替代定理也是电路理论中一个常用的定理。只要满足集总假设条件即可成立。如图 3.14(a) 所示，如果网络 N 由一个电阻单口网络 N_R 和一个任意单口网络 N_L 连接而成，则

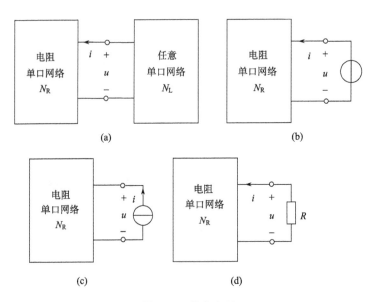

图 3.14　替代定理

　　(1) 如果端口电压 u 有唯一解，则可用电压为 u 的电压源来替代单口网络 N_L，只要替代后的网络如图 3.14(b) 仍有唯一解，则不会影响单口网络 N_R 内的电压和电流。

(2) 如果端口电流 i 有唯一解，则可用电流为 i 的电流源来替代单口网络 N_L，替代后的网络如图 3.14(c) 仍有唯一解，则不会影响单口网络 N_R 内的电压和电流。

(3) 如果端口电压 u、i 都有唯一解，则可用阻值为 $R = -\dfrac{u}{i}$ 的电阻来替代单口网络 N_L，只要替代后的网络如图 3.14(d) 仍有唯一解，则不会影响单口网络 N_R 内的电压和电流。

替代定理的价值在于：一旦网络中某支路电压或电流成为已知量，则可用一个独立源来替代该支路或单口网络 N_L，从而简化电路的分析与计算。替代定理对单口网络 N_L 并无特殊要求，它可以是线性电阻单口网络和非电阻性的单口网络。下面用 Multisim 仿真软件来分析并验证替代定理。

【实例 3.4】电路如图 3.15 所示，验证替代定理。

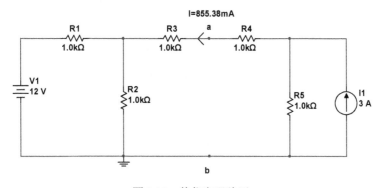

图 3.15　替代定理验证

1. 理论分析

原电路端口电压、电流计算。根据叠加定理，通过计算可得 ab 端口的电流为(参考方向指向左)

$$I = -\frac{12}{1\mathrm{k}\Omega + 1\mathrm{k}\Omega\,//\,3\mathrm{k}\Omega} \cdot \frac{1\mathrm{k}\Omega}{1\mathrm{k}\Omega + 3\mathrm{k}\Omega} + \frac{3\times1\mathrm{k}\Omega}{2\mathrm{k}\Omega + 1\mathrm{k}\Omega\,//\,1\mathrm{k}\Omega + 1\mathrm{k}\Omega} = 855.43\mathrm{mA}$$

得到 ab 端口的端口电压为

$$u_{ab} = \frac{12}{1\mathrm{k}\Omega + 1\mathrm{k}\Omega\,//\,3\mathrm{k}\Omega} \cdot \frac{1\mathrm{k}\Omega}{1\mathrm{k}\Omega + 3\mathrm{k}\Omega} \times 2\mathrm{k}\Omega + \frac{3\times1\mathrm{k}\Omega}{2\mathrm{k}\Omega + 1\mathrm{k}\Omega\,//\,1\mathrm{k}\Omega + 1\mathrm{k}\Omega}$$
$$\times(1\mathrm{k}\Omega\,//\,1\mathrm{k}\Omega + 1\mathrm{k}\Omega) = 1289.143\mathrm{V}$$

原电路右边网络以电流源替代后端口电压、电流计算。根据替代定理，当我们知道连接端口 ab 的左右两个单口网络的端口电流为确定的一个值(即有唯一解)时，可以用电流的大小为该电流值的电流源来替代右边的单口网络，替代后不改变左边单口网络内部的电压和电流。

对于图 3.15 所示电路，由于 ab 端口电流确定，将 ab 端口右边的单口网络用 855.38mA 的电流源替代，如图 3.16 所示，替代后不改变 ab 端口的电压。经过计算，得到替代后 ab 端口的电压：$u_{ab} = 6 + I_1 \times (1\mathrm{k}\Omega + 1\mathrm{k}\Omega\,//\,1\mathrm{k}\Omega) = 1289.145\mathrm{V}$。

替代后与替代前的计算一致。还可以进一步计算 R_1、R_2、R_3 各支路的电流、电压与替代前完全一致，从而验证了替代定理的正确性。

原电路右边网络以电压源、电阻替代后端口电压、电流计算。将原图 ab 右边部分替代为 1289.145V 的电压源或替代为 1.509kΩ 的电阻，通过计算，左边网络端口电流、R_1、R_2、R_3 各支路的电流、电压与替代前完全一致，可验证替代定理的正确性。

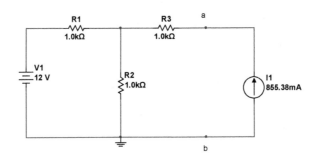

图 3.16   用电流源替代的电路

2. 仿真分析

打开 Multisim12 电路窗口，依次放置直流电压源(12V)，直流电流源(3A)，电阻 R_1(1.0kΩ)，电阻 R_2(1.0kΩ)，电阻 R_3(1.0kΩ)，电阻 R_4(1.0kΩ)，电阻 R_5(1.0kΩ)，接地线。然后连线，按照图 3.15 绘制好仿真电路如图 3.17 的仿真电路图。然后放置虚拟万用表。再单击仿真电源开关 RUN，启动电路仿真。测试 ab 端口的端口电压，仿真结果如图 3.17 所示。可见 ab 端口电压为 1.289kV。

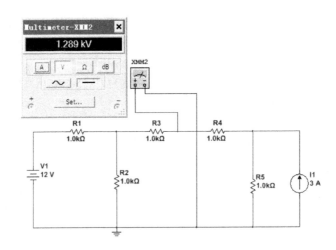

图 3.17   替代定理仿真电路

按替代定理，ab 端口右边的网络用 855.38mA 电流源替代，替代后测试 ab 端口电压的仿真结果如图 3.18 所示。ab 端口电压为 1.289kV。替代后没有影响 ab 端口左边电阻性单口内部的电压及各支路的电流。对比理论分析计算结果与仿真结果，验证了替代定理的正确性。

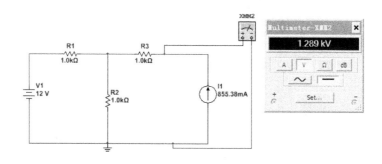

图 3.18　用电流源替代后的仿真验证

如果将 ab 右边网络用 1.289kV 的电压源替代，将 ab 右边支路用电阻 R=1.289kV/855.38mA 替代后再仿真，也能得到替代定理正确的同样的结论。

3.5　互易定理验证

互易定理是双口网络的一种特性描述。实际上是线性无源器件构成的双口网络的特性，从数学模型上看，是一种对称性。

互易定理(reciprocal theorem)：对一个仅含线性时不变电阻和理想变压器的双口网络 N_R，其中一个端口加激励源，一个端口作响应端口，在只有一个激励源的情况下，当激励与响应互换位置时，同一激励所产生的响应相同。

互易性是线性网络的重要性质之一。一个具有互易性的网络在输入端(激励)与输出端(响应)互换位置后，同一激励所产生的响应并不改变。具有互易性的网络称为互易网络，互易定理是对电路的这种性质所进行的概括，它广泛地应用于网络的灵敏度分析和测量技术等方面。

对于互易双口网络，存在以下关系：

$$r_{12} = r_{21} \tag{3.1}$$
$$g_{12} = g_{21} \tag{3.2}$$
$$h_{12} = h_{21} \tag{3.3}$$
$$\Delta t = t_{11}t_{22} - t_{21}t_{12} \tag{3.4}$$

1. 端口激励是电流源与端口电压互换

由式(3.1)可以得出结论：图 3.19(a)所示的电压 $u_2 = r_{21}i_s$ 与图 3.19(b)所示的电压 $u_1 = r_{12}i_s$，若 $r_{12} = r_{21}$，则 u_1、u_2 必相同。也就是说，在互易双口网络中电流源和电压表互换位置，电压表读数不变，即 $u_1 = u_2$。

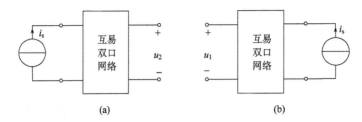

图 3.19　电流源与电压表互换

2. 端口激励是电压源与端口电流互换

由式(3.2)可以得出结论：图 3.20(a)所示的电流 $i_1 = g_{12}u_s$ 与图 3.20(b)所示的电流 $i_2 = g_{21}u_s$，若 $g_{21} = g_{12}$，则 i_1、i_2 必相同。也就是说，互易网络中电压源与电流表互换位置，电流表的读数不变，即 $i_1 = i_2$。

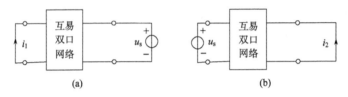

图 3.20　电压源与电流表互换

以上介绍互易定理以及数学证明，在实际电路中也可以利用实验验证。在此我们可以通过仿真来完成验证。

【实例 3.5】电路如图 3.21(a)所示，计算 R_5 支路电流。

1. 理论分析

电路互易前，用网孔分析法。如图 3.21(a)所示，可列写网孔方程为
网孔①

$$(R_1 + R_3)i_1 + R_3 i = V_1$$

网孔②

$$(R_2 + R_4)i_2 + R_4 i = -V_1$$

网孔③

$$(R_3 + R_4 + R_4)i + R_3 i_1 + R_4 i_2 = 0$$

代入电路中给定的元件参数，很容易计算出 R_5 支路电流 $i = 0.5\text{A}$。

电路互易后，用分流关系计算。电路互易后，如图 3.21(b)所示，将电压源移到 R_5 支路，再计算桥上短路线的电流。

R_3 支路电流为(参考方向从上指向下)

$$i_3 = \frac{V_1}{R_5 + (R_1 // R_3) + (R_2 + R_4)} \cdot \frac{R_1}{R_1 + R_3} = 1(\text{A})$$

R_4 支路电流为(参考方向从上指向下)

$$i_4 = \frac{V_1}{R_5 + (R_1 \,/\!/\, R_3) + (R_2 + R_4)} \cdot \frac{R_2}{R_2 + R_4} = \frac{1}{2}(A)$$

桥上短路线的电流为(参考方向从右指向左)

$$i = i_3 - i_4 = 0.5(A)$$

上面的计算说明激励电压源与 R_5 支路响应电流互易后,电流值不变,从而验证了互易定理。

2. 仿真分析

连接仿真电路如图 3.21 所示,运行仿真软件,得到仿真分析结果,显示在图 3.21 中的虚拟电流表中。从图 3.21(a)、图 3.21(b)中的电流表读数可以得出结论:在仅含线性时不变二端电阻和理想变压器的双口网络中,互换电流表和电压源的位置,电流表的读数不会发生变化。仿真结果和理论结论一致,从而验证了互易定理。同理,可验证当电流源和电压表互换位置时,其电压表的读数同样不会发生变化。

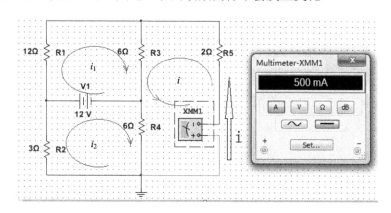

(a) 互易前的电流

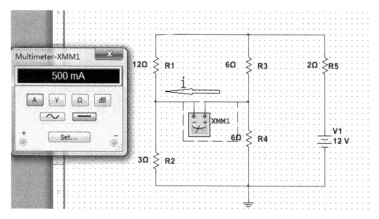

(b) 互易后的电流

图 3.21　电压源与电流表互换表的读数不变

以上只对激励是电压源，响应是电流，激励是电流源响应是电压的互易作了分析和仿真，也可以对激励是电压源，响应是电压，以及激励是电流源，响应是电流的互换进行分析与仿真，本书留给读者自己练习。

互易定理是无源器件双口网络的一种特性。在分析电路中，可以从网络的两个口选择一个结构更简洁的分析计算。在某些情况下，有利于简化电路分析计算。应用互易定理分析电路时要注意以下几点。

(1) 互易前后应保持网络的拓扑不变，仅源与某支路互易。

(2) 互易定理只适用于线性电阻网络在单一电源激励下。

(3) 电压源激励，互易时原电压源处短路，互易后的电压源串入另一支路；

电流源激励，互易时原电流源处开路，互易后的电流源并入另一支路的两个节点间。

(4) 含有受控源的网络，互易定理一般不成立。因为：当网络含有受控源时，激励和响应互易后电路结构会发生变化，因而互易定理的结论不能成立。

(5) 互易定理可以与电路齐次特性结合使用：若互易后激励为原来激励的 k 倍，则互易后的响应也为原来响应的 k 倍。

(6) 若网络含有多个独立电源，则分别考虑电源的单独作用，再配合叠加定理求出总响应。

(7) 互易时要注意激励与响应的参数方向。互易前后支路电压电流是关联的，也可以是非关联的，但必须互易前后保持一致。

本章讨论了几个电路理论中的重要定理，包括叠加定理、戴维宁定理、最大功率传输定理、替代定理和互易定理。

训　练　题

1. 设计一个可以用于实验的仿真电路，证明和验证叠加定理。

2. 请自行画出一个含电压源和电阻的电路，利用 Multisim 仿真求出戴维宁等效电路。

3. 在同一个电路中，含直流电压源和交流电压源以及电阻，利用计算机仿真观察某个电阻上的电压，请问如何观察（万用表设置在直流挡还是交流挡？或者都不能用，需要其他仪器来观察）。

4. 最大功率传输定理是电路分析理论的一个重要定理，请设计一个题目，不用理论推导，而是利用计算机仿真的方式证明或者验证最大功率传输定理。

5. 自行设计一个纯电阻电路，选择两个端口，利用计算机仿真验证互易定理。

第4章　简单非线性电路分析

非线性电路是电路中含有非线性元件,按电路理论建立的方程就不再是线性方程组,无法利用线性方程求解方法对电路进行分析。关于非线性电路的分析方法也很多,如解析法、图解法、分段线性法等。这些方法采用手工计算都比较烦琐,或者精度无法保证。利用计算机软件分析电路,可以得到较好的效果,计算机的优点就是不怕烦琐,利用其运算速度快的特点,可以轻而易举解决非线性电路的分析问题。

在工程上,二极管、三极管等元件就是非线性元件。二极管应用广泛,Multisim 软件库元件中,包含大量的二极管、三极管元件库。计算机元件库也是数学模型,它们针对具体型号元件,利用数学方式,比较精准地建立模型,放到库文件中提供给使用者。非线性元件的数学参数比较复杂,而计算机作为一种工具,很容易解决复杂烦琐的计算问题。

4.1　整　流　电　路

实际应用电路,其电流不仅有直流,更多时候是交流。例如,我们日常用的的市电就是 220V/50Hz 的交流电压。电池供电是直流电压。电池的使用周期短,因此,工程中常借助交流市电获取,并转换为直流供电,也就是需要将交流电形式转换为直流电形式。这就需要整流电路。整流电路习惯上分为半波整流和全波整流。

4.1.1　半波整流电路

二极管是一种常见的非线性元件,在工程设计上广泛应用,以下选择几个实例介绍。

【实例 4.1】图 4.1 是一个半波整流电路。电路中包含一个非线性元件二极管。因此是一个简单的非线性电路。

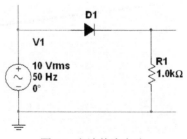

图 4.1 半波整流电路

1. 理论分析

如果将二极管视为理想二极管,正向导通,反向截止,通过简单分析,可以得到电

阻 R_1 上的电压波形，是一个将完整输入正弦波的负半周一半都去掉，只保留正半周一半波形的单向脉冲直流波形。这个电路是一个简单的、典型的、应用非常广泛的半波整流电路。

当输入为正弦波信号的正半周时，二极管导通，电阻上电压与输入正弦波电压相等，此时，二极管理想模型是"短路"。当输入为正弦波信号的负半周时，二极管截止，理想模型是"开路"，此时，负载电阻上没有电流反向流过，因此，电阻 R_1 上的电压为 0。由简单的工作原理分析可以画出电阻 R_1 上的电压波形如图 4.2 所示。

以上分析利用了二极管的"理想模型"，实际是将二极管进行了分段"线性"化的近似处理，是典型的分段线性分析法。

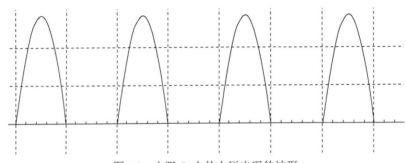

图 4.2　电阻 R_1 上的电压出现的波形

2. 仿真分析

尽管这个电路很简单，但还是借助计算机软件来分析，让我们感受一下利用计算机软件分析电路的方便、快捷和直观的特点。利用仿真软件中自带的测量仪器来观察电路输入输出波形。

安装电路仿真分析软件 Multisim，启动并打开 Multisim 的界面，从电路元件库文件中，选择电阻、二极管、正弦波电压源、地、双踪示波器 5 个元器件和测试设备，再按图 4.3 连接，画出半波整流仿真电路原理图，并给电压源、电阻赋值，设置参数。二极管可以选择型号，也可以利用元件库中的理想二极管模型，不需要提供其他参数。

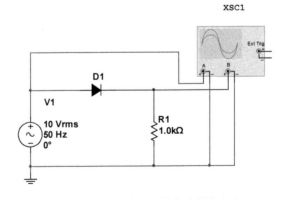

图 4.3　分析软件界面的半波整流电路

检查电路确定无误后，运行软件，让计算机分析计算。很快可以得到分析结果，包括可以直接看到示波器显示的输入和输出波形。

注意，使用示波器观察电压波形，需要调好刻度，包括幅度和时间坐标。与我们在实验室使用的真实的示波器一样，Multisim 中的仪器都按实际仪器面板布局、功能调节旋钮、电源开关来设置。如图 4.4 所示，本例的幅度坐标设为 5V/格（5V/Div），时间坐标设为 10ms/格（10ms/Div）。

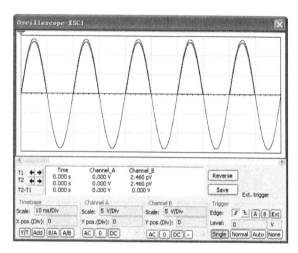

图 4.4　半波整流电路仿真示波器波形

计算机分析计算后，在虚拟示波器输出的仿真波形如图 4.4 所示，图中连续的正弦波曲线是整流电路输入的正弦电压波形，与正弦波上半周重叠（略低）曲线是电阻 R_1 上输出的电压波形，可以看出，其分析结果与理论分析结果一致。半波整流是利用二极管单向导通特性，在输入为标准正弦波的情况下，R_1 上输出获得正弦波的半个周期波形，电路将正弦交流电信号转变成只有大小变化而没有方向变化的单向脉冲直流，实现了半波整流。

【注意事项】从图 4.4 所示计算机仿真波形中还可以看到，输入电压正半周与输出波形并不完全重合，有少许差异。理论分析如果是理想二极管，则正半周这两个波形应该重叠。说明计算机在计算仿真时，没有选择理想二极管模型，而是考虑了二极管实际运行参数，即二极管正向导通时，具有一定的电阻而不是用电阻等于 0 的"短路线代替"，反向截止时是用"开路"代替。因此，二极管正向导通时，输出电阻上的电压略低于输入电压。

4.1.2　全波整流电路

前例分析的是半波整流，其效率不高，失去一半波形。因此实际应用中大多采用全波整流，全波整流的方式也多。全波整流电路包含两个二极管，如图 4.5 所示。全波整流电路还有其他方式，如图 4.6 所示的全桥整流电路，利用四只二极管完成全波整流。由于全波整流电路已经广泛使用，在 Multisim 元件库中，有设计好的全桥，由四只二极管构成，也称桥堆。

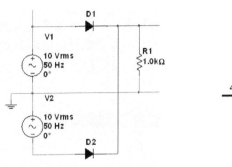

图 4.5　全波整流电路原理图

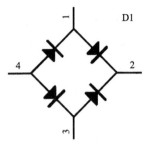

图 4.6　软件库内的一种桥堆

【实例 4.2】图 4.5 的全波整流只用两只二极管，但是需要两个电压源，或者相当于变压器副绕组有中心抽头。在 Multisim 程序中搭建的具体电路图如图 4.7 所示。电路中，选取两只二极管，两个交流电压源，一个负载电阻，一个地，一台示波器。按要求设置各元件参数，如图 4.7 中标注。

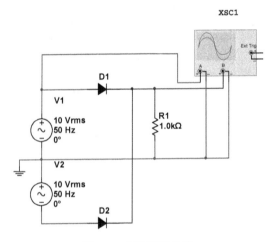

图 4.7　全波整流电路

1. 理论分析

仿照半波整流电路的分析，当输入为正弦波的正半周时，二极管 D_1 正向导通，D_2 反向截止，有电流流过 R_1，R_1 上获得正半周电压波形。当输入为正弦波的负半周时，二极管 D_2 导通，D_1 截止，有电流流过 R_1，R_1 上获得负半周电压波形。全波整流与半波整流电路不同，负载 R_1 正负半周均有电流通过，只是一个将完整输入正弦波的负半周改变了电流方向，全波整流与半波整流后的波形有所不同，全波整流中利用了交流的两个半波，这就提高了整流器的效率。全波整流电路也是一个简单、典型、应用非常广泛的电路。整流后的波形可以参看图 4.8 虚拟示波器所示的上半周全波整流波形。

2. 仿真分析

启动并打开 Multisim 的界面，从电路元件库文件中，选择电阻、二极管、正弦波电压源、地、双踪示波器 5 个元器件和测试设备，再按图 4.5 连接，画出全波整流仿真电路原理图如图 4.7 所示，并给电压源、电阻赋值，设置参数。二极管可以选择型号，也可以利用元件库中的理想二极管模型，不需要提供其他参数。

检查确认电路无误，运行仿真程序，运行结果，如图 4.8 虚拟示波器显示波形。图中正弦波曲线为全波整流电路的输入电压波形，上半周全波整流曲线为负载电阻 R_1 上输出的电压波形。

全波整流也是一种将交流整流成直流的电路。全波整流电路利用了交流的两个半波，提高了整流器的效率，输出脉动直流的脉动比半波小得多，这使已整电流易于平滑，获得的直流更加稳定、纹波更小。

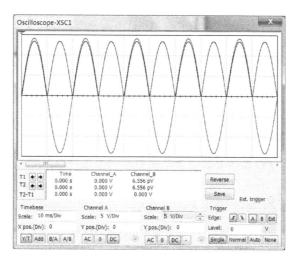

图 4.8　全波电路仿真结果

两只二极管的全波整流器，需要两组电源，或其电源变压器必须有中心抽头。如图 4.9 所示，桥式全波整流方式可克服这一缺点。

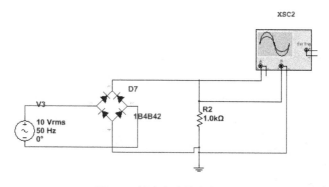

实例 4.2

图 4.9　桥式全波整流电路

在计算机仿真软件中构建电路，可以选择用四只二极管组成一个全桥整流电路，也可以选择用库文件中的桥堆，如图 4.6 所示。这里我们直接选用桥堆，画好的仿真电路如图 4.9 所示。

【注意事项】这个整流电路的测试需要注意，软件提供的仪器与实际用的仪器是一致的，实际双踪示波器，两个探头(检测电路时，接触到电路被检测节点)的地线是连接在一起的(内部相连)。如果两路不共地，则有可能造成短路。因此，双踪示波器很难两路波形同时观察，桥式电路在交流输入和整流输出之间，无法选择一个公共地。因此，我们选择单踪只观察输出电压。如图 4.9 所示的双踪示波器，可以只选择单路测试，也可以两个探头同时检测输出电压，其中的一个地线可以不接(悬空)，其仿真结果如图 4.10 所示。这个波形与全波整流输出波形一样，其特点也一样。

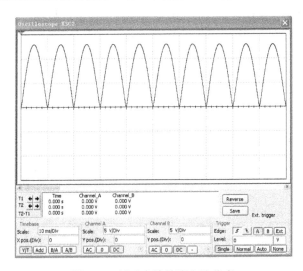

图 4.10　桥式全波整流电路仿真

4.2　LED 电路分析

LED(light emitting diode)，即发光二极管，由镓(Ga)与砷(As)、磷(P)、氮(N)、铟(In)的化合物制成的二极管，当电子与空穴复合时能辐射出可见光，因而可以用来制成发光二极管。磷砷化镓二极管发红光，磷化镓二极管发绿光，碳化硅二极管发黄光，铟镓氮二极管发蓝光。在日常生活中，在电路及仪器中作为指示灯，或者组成文字或数字显示。例如，家用电器、电气设备上广泛用于电源或工作状态指示，它的特点是耗能少、体积小、寿命长、颜色丰富。

LED 作为电子元件，设计有不同的型号、规格(直径不同的圆形、矩形或其他形状)和各种发光颜色(红、橙、黄、绿、蓝)，供设计者在不同的场合、不同的用途情况下选用。例如，有单只利用的，用于指示信号有无，或者指示电源通断。LED 也有设计为特殊符号、字符、数码管的，如七段数码管。内置七只发光二极管。可以利用译码和驱动电路选择性点亮不同段位，通过段位组合显示 0~9 的 10 个阿拉伯数字。

【**实例 4.3**】LED 也属于非线性元件，当其正向导通，且电流在正常工作范围时，二极管发光。电路如图 4.11 所示。

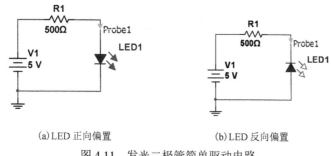

(a) LED 正向偏置　　　　　　　　　　(b) LED 反向偏置

图 4.11　发光二极管简单驱动电路

1. 理论分析

如图 4.11(a) 电路中 5V 电压源使发光二极管 LED_1 正向偏置导通，当发光二极管 LED_1 正向导通时，压降要大于普通整流二极管，一般大于 1.5V，可以计算出流过二极管的电流：$i_D = \dfrac{V_1 - 1.5}{R_1} \approx 7(mA)$。这个电流能使发光二极管正常发光工作。如图 4.11(b) 所示，若将 LED_1 反向接入，发光二极管截止，则电流为 0，不发光。

2. 仿真分析

LED 电路也可以采用仿真，不仅能直观观察其能否正常发光，还能直接给出其工作电压、电流等参数。启动仿真程序，驱动电路中，选择直流电源为 5V。为了限制不同电流，我们选择不同的限流电阻，分别是 500Ω 和 700Ω。仿真结果如图 4.12 所示。

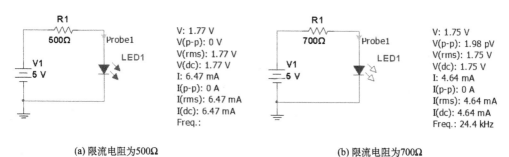

(a) 限流电阻为500Ω　　　　　　　　　　(b) 限流电阻为700Ω

图 4.12　发光二极管仿真结果显示

从仿真结果中可以看到，当限流电阻为 500Ω 时，二极管上的电流为 6.47mA，正常发光。发光箭头为实心。当限流电阻为 700Ω 时，二极管上的电流为 4.64mA，发光不正常(或无光)，发光箭头为空心。

实际上，计算机仿真主要依据 5mA 为阈值，大于 5mA，认定发光，小于 5mA，认定不发光。其实在工程应用中，低于 5mA 的发光二极管也是发光的，随着电流的减少，发光的亮度会降低。目前一些设计较小的发光二极管电流大于 1mA 就能够发光。

仿真图 4.12 中右边有一列数字，分别显示 LED 的导通电压 V：1.77V，峰值电压 V(p-p)：0V，有效值电压 V(rms)：1.77V，直流电压 V(dc)：1.77V。对应的电流 I：6.47mA，峰值电流 I(p-p)：0mA，有效值电压 I(rms)：6.47mA，直流电流 I(dc)：6.47mA，及工作频率 Freq.：24.4kHz 等参数。

处于正向偏置状态，正向电压约为 1.5V，电流约为 5mA（可设置）即可发光。在实际应用电路中，电阻的大小根据驱动电源的电压和 LED 型号要求设计。只要调整电源电压（由电路系统给定，一般不由你选）或电阻 R_1 即可灵活调整发光二极管的工作电流（发光亮度），R_1 常称为限流电阻。

除了红色 LED，Multisim 还内置不同颜色和种类的 LED，如一个绿色的八段共阳极数码管。八段，就是在七段的基础上，再加一段，显示小数点。图 4.13(c) 显示符号"8."（八段全亮），在七段的基础上在右下角增加了一个点。7 段或 8 段数码 LED 产品设计有共阴和共阳两种。共阳型是指一位数码管中所有 LED 的正极共用一条线，连接电源正极，如图 4.13 所示，三位数码管都是共阳型。如果数码管中所有 LED 的负极共用一条线连接到电源负极，则称为共阴型。

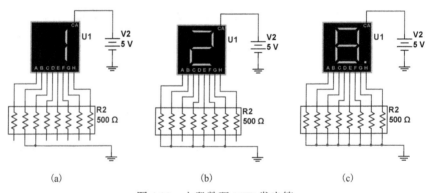

(a)　　　　　　　　　　　(b)　　　　　　　　　　　(c)

图 4.13　七段数码 LED 发光管

LED 照明灯。LED 的用途越来越广泛，例如，用 LED 做的大功率白光照明灯，称为第四代照明灯，它具有发光效率高、寿命长、节能、环保、体积小等特点，可以广泛应用于各种指示、显示、装饰、背光源、普通照明和城市夜景等领域，是现代绿色环保节能追求的宠物。

LED 显示屏。由红、绿、蓝 LED 点阵组成的室外、广场、车站、码头、大楼墙面显示屏，亮度高、高分辨、色彩艳丽、任意尺寸大小是其非常明显的特点。由于 LED 工作电压低(仅 1.2~4.0V)，能主动发光且有一定亮度，亮度又能用电压(或电流)调节，本身又耐冲击、抗振动、寿命长(10 万小时)，所以在大型的显示设备中，尚无其他显示方式与 LED 显示方式匹敌。

还有一种 OLED(organic light-emitting diode，有机发光二极管又称为有机电激光显示)，很有活力。能够在不同材质的基板上制造，可以做成能弯曲的柔软显示器，耗能、发光效率、制造工艺、成本、响应速度、低温工作特性等比液晶好很多。

4.3　隧道二极管分析

隧道二极管是一种非线性器件，也称非线性电阻。其电压电流曲线比较特殊，大致可以由图 4.14 所示曲线来描述，明显可以看到其中有一段是负电阻率，这种负电阻基于电子的量子力学隧道效应，开关速度达皮秒量级，工作频率高达 100GHz。

隧道二极管具有开关特性好、速度快、工作频率高的优点。一般应用于低噪声高频放大器及高频振荡器中(其工作频率可达毫米波段)，也可以应用于高速开关电路中。

如果我们设计电路，则设置隧道二极管的工作点在负阻区，如图 4.15 所示的 Q 点。在其工作点附近叠加一个小信号，如一个正弦波小信号。对于这个正弦波小信号，隧道二极管就表现出负电阻特性。

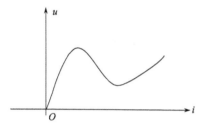
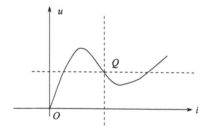

图 4.14　隧道二极管非线性电阻特性　　　　图 4.15　工作点选择在负电阻区

【实例 4.4】如图 4.16 所示，通过合理设置隧道二极管的直流偏置，使隧道二极管(型号 1N3712)工作在负阻区间。观察电路输出的特殊现象。

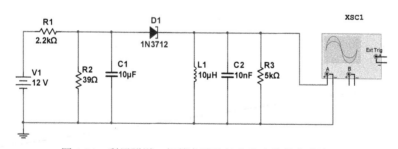

图 4.16　利用隧道二极管负阻特性产生小信号交流波形

1. 理论分析

由于其非线性特性，理论分析相对比较复杂，在此我们简单说明一下，外加一个直流电压，让其工作在 Q 点，也称负阻区，其实应该是小信号负阻。利用这个负阻特性，在工作点附近形成不稳定模式，从而振荡，借助这个振荡，获得小信号交流振荡波形。

2. 仿真分析

交流小信号通路中，隧道二极管等效为负电阻，向外发出功率（其实本质是将直流电转换为交流小信号）。在负载 5kΩ 上，利用虚拟示波器能观察到隧道二极管产生的交流信号。图 4.17 是虚拟示波器观察到的仿真波形，可以看到该电路输出一个交流小信号。示波器选择单路（A 路），其每格电压是 200mV。5kΩ负载上电压峰-峰值约为 400mV。相对 12V 的电源电压，其幅度就算是小信号了。

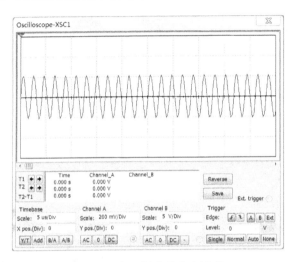

图 4.17　负阻振荡器仿真波形

Multisim 软件中有"IV analyzer"，一种专门用于分析元件伏安特性的仪器。直接将隧道二极管接入，如图 4.18（a）所示。可以得到隧道二极管的伏安特性曲线如图 4.18（b）所示。水平方向是电流，最大为 2mA（2000μA），垂直方向是电压，最大为 0.6V（600mV）。正向电压在 60~350mV 区间出现随电压增加电流减小的工作区间，该区间内交流等效电阻为负数，即隧道二极管呈现负阻效应。

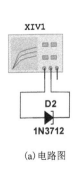

（a）电路图

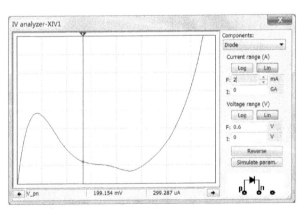

（b）伏安特性

图 4.18　隧道二极管伏安特性

将工作点选择在 200mV/300μA 附近，交流电阻进行如下估计：

$$r = \frac{\mathrm{d}U}{\mathrm{d}I} \approx \frac{\Delta U}{\Delta I} = \frac{(204.968 - 195.243)\mathrm{mV}}{(290.927 - 306.756)\mu A}$$

为了稳定起振，负载选择为 5kΩ。电路中的电容 C_1 取值很大，起到理想化分离直流和交流通路的作用。输出回路上并联 LC 谐振网络，电感为隧道二极管提供直流回路，建立直流工作点，RLC 并联对交流信号起选频滤波作用，提升输出交流信号质量，谐振频率为

$$f = \frac{1}{2\pi\sqrt{LC}}$$

需要注意的是，电路从开始仿真到稳幅振荡需要一个过程，约 600μs，如图 4.19所示。

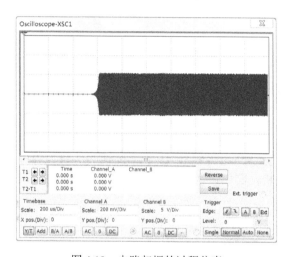

图 4.19　电路起振的过程仿真

4.4　含非线性元件单口网络特性

单口网络，端口仅两个参数——端口电压和电流。其数学关系描述很容易利用伏安关系表达。利用单口网络描述电路是电路分析中的有效方法，对于线性电路，其端口特性也一定是线性的。因此一个线性电阻网络，不论其网络内部多么复杂，其端口一定可以等效为一个线性电阻。在电路分析中，我们可以采用串联、并联等效的方法简化，计算得到这个等效电阻，在工程应用中，我们可以采用万用表欧姆挡直接测量获得这个等效电阻值。

如果单口网络中包含非线性元件，则其端口的电压、电流关系将复杂得多。因为其端口特性，一般不再是一条直线(线性关系)，无法用一个简单的电阻来等效，在工程应用中，也不能用万用表的欧姆挡来简单测量获得一个单纯的电阻值。而是需要端口VCR(电压电流关系)特性曲线来表达。我们通过实例分析，来了解其特性和分析方法。

【实例 4.5】电路如图 4.20 所示，分析 *R*、*D* 串联和并联电路的端口电压、电流特性。

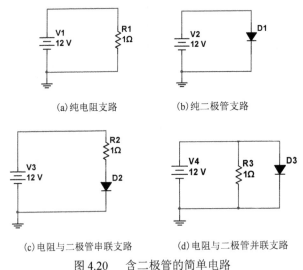

(a)纯电阻支路   (b)纯二极管支路

(c)电阻与二极管串联支路   (d)电阻与二极管并联支路

图 4.20   含二极管的简单电路

1. 理论分析

电路中含有非线性元件(二极管)。由于二极管的非线性特性简单，所以可以采用 KCL 和 KVL 定律来分析。简单来说，就是元件串联，电压相加，电流相等；元件并联，电流相加，电压相等。

2. 仿真分析

尽管可以理论分析，但是对于初学者仍然比较复杂。因此，我们选择尽量用计算机辅助的方法解决问题。

通过外加激励法来分析单口网络的伏安特性。单口网络的激励采用独立直流电压源(也可以为直流电流源)，通过 "DC Sweep" 扫描不同端口电压情况下的端口电流得到单口网络的特性曲线，也可以借助 Multisim 软件中 "IV analyzer"，一种专门用于分析元件伏安特性的虚拟仪器(工程应用中也有对应测试设备，习惯上称晶体管特性分析仪，专门用于测量二极管和三极管等)。

1)电阻与二极管串联

先分析电阻与二极管各自的伏安关系。在 1Ω电阻与二极管分别施加电压，得到特性曲线如图 4.21 所示。

再分析电阻与二极管串联单口网络特性曲线。电阻与二极管串联后的单口网络特性曲线分析如下，可以认为是电阻的特性曲线和二极管的特性曲线在电流相等处逐点叠加电压后得到的。由 KCL 和 KVL 可知，电阻和二极管串联支路电流相等，总电压=电阻端电压+二极管端电压。故可以在电流相等处，逐点电压相加，得到总的伏安关系曲线如图 4.22 所示，而电流不等处，无意义。

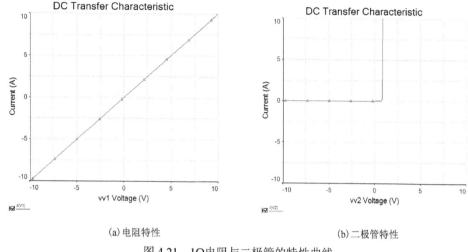

(a) 电阻特性　　　　　　　　　　　　　　　　　(b) 二极管特性

图 4.21　1Ω电阻与二极管的特性曲线

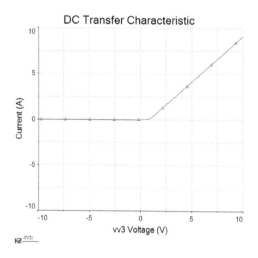

图 4.22　电阻与二极管串联特性

R、D 串联后的曲线是两段直线，通过简单分析，可以证明曲线与实际工作情况是相吻合的。

当加到串联支路上的电压为负值时，二极管施加反向电压截止，串联支路电流为 0，无论电阻多少，其电流均为 0；当加到串联支路上的电压为正值，但电压小于二极管的死区电压时，二极管仍然截止，串联支路电流仍为 0，无论电阻多少，其电流均为 0。综合以上两种情况，串联支路伏安特性的这一段就是二极管的伏安特性曲线，如图 4.22 中的水平直线段(在其电压变化区间，电流均为 0)。当加到串联支路上的电压为正值，且电压大于二极管的死区电压时，二极管导通(等效一段导线)，串联支路电流由电阻和电源电压决定，故串联支路伏安特性就是电阻的伏安特性线，如图 4.22 中的倾斜直线段。

因此，电阻与二极管特性叠加，就得电阻和二极管串联单口的伏安特性，具体如图 4.22 所示，利用 "DC Sweep" 逐点扫描所得的仿真特性。

2) 电阻与二极管并联

并联支路，满足 KCL 和 KVL，电阻和二极管两端电压始终相等，总电流=电阻支路电流+二极管支路电流。故可以在电压相等处，逐点电流相加，得到 R、D 并联支路总的伏安关系曲线如图 4.23 所示，而电压不等处，无意义。

R、D 并联后的曲线也是两段直线，通过简单分析，可以证明曲线与实际工作情况是相吻合的。

当加到并联支路上的电压为正值，且电压大于二极管的死区电压时，二极管导通，等效成一段导线，二极管将电源短路，二极管和电阻两端电压始终被钳制在死区电压，无论电阻 R 值多少，D 等效"短路"，理论上电流可以到∞。因此，并联后的这一段曲线就是二极管的正向曲线，如图 4.23 的垂直直线段。

当加到并联支路上的电压为负值时，二极管截止，相当于"开路"，并联支路电流由电阻 R 和电源电压决定，故并联支路伏安特性就是电阻的特性线。

当加到并联支路上的电压为正值，但电压小于二极管的死区电压时，二极管仍然截止，并联支路总电流仍然由电阻和电源电压决定。故这一小段并联支路的伏安特性也是电阻的特性线。综合可以得到图 4.23 的倾斜直线段。

因此，电阻和二极管特性按电压相等逐点叠加，就得电阻和二极管并联单口的伏安特性，具体如图 4.23 所示，利用"DC Sweep"逐点扫描所得的仿真特性。

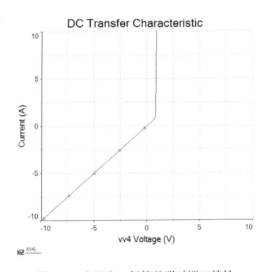

图 4.23　电阻和二极管并联时端口特性

【注意事项】关于"DC Sweep"的参数设置。

如图 4.24 所示，在"DC Sweep Analysis"的状态下，设置电源、扫描电源的电压起始值、终了值和扫描步长等参数。

除了可以用"DC Sweep"仿真器，还可以利用"IV analyzer"虚拟仪表来显示特性曲线。其仿真原理是一致的，都是利用端口的电压和电流关系来表达。虚拟仪器"IV analyzer"更简洁。不需要外接电源，直接利用本身虚拟仪器内部自己的电源扫描来完成端口特性的获得。以下选择利用"IV analyzer"虚拟仪表来再次获得电阻和二极管串联、并联特性，分别如图 4.25～图 4.28 所示。

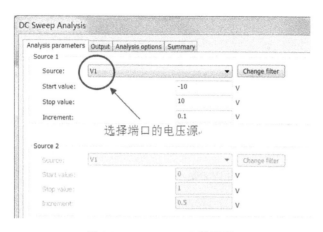

图 4.24　DC Sweep 参数设置

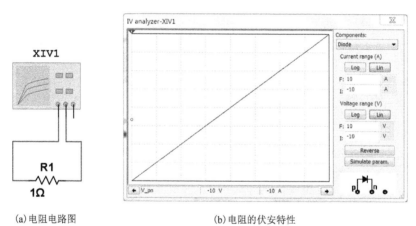

(a) 电阻电路图　　　　　　　　　　　　(b) 电阻的伏安特性

图 4.25　利用 IV analyzer 仿真电阻特性

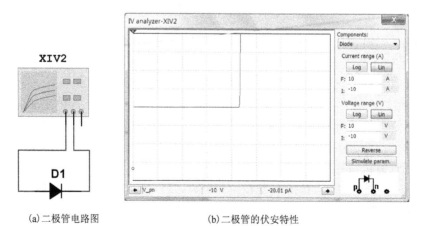

(a) 二极管电路图　　　　　　　　　　　(b) 二极管的伏安特性

图 4.26　利用 IV analyzer 仿真二极管特性

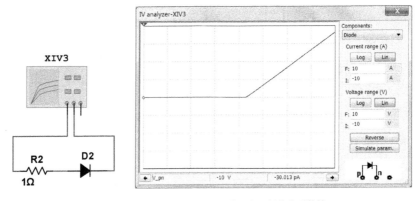

(a)电阻与二极管串联　　　　　　　　　(b)电阻与二极管串联特性

图 4.27　利用 IV analyzer 仿真电阻与二极管串联特性

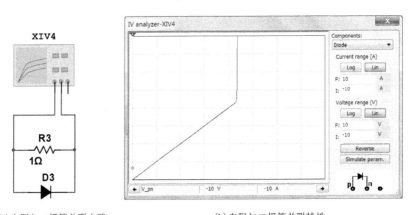

(a)电阻与二极管并联电路　　　　　　　(b)电阻与二极管并联特性

图 4.28　利用 IV analyzer 仿真电阻与二极管并联特性

需要注意的是，无论哪一种方式进行单口网络特性分析，图形的横纵坐标轴建议设置为一样，方便对各个曲线的图形进行观察和比较。

训　练　题

1. 利用计算机仿真软件元件库中有的某型号二极管，设计仿真一个半波整流电路。加载 50Hz 的交流电压信号，利用虚拟示波器观察输出电阻负载上的电压波形。

2. 利用计算机仿真软件元件库中有的某型号二极管，设计仿真一个全波整流电路。加载 60Hz 的交流电压信号，利用虚拟示波器观察输出电阻负载上的电压波形。

3. 选择计算机仿真软件库中某信号二极管，利用虚拟伏安分析仪"IV analyzer"来观察该二极管的伏安特性。

4. 利用计算机仿真软件元件库中有的某型号二极管，设计仿真一个半波整流电路。加载直流电压，同时加载 60Hz 的交流电压信号，两电压源串行连接。利用虚拟示波器观察输出电阻负载上的电压波形。

5. 利用计算机仿真软件元件库中有的某型号二极管、电阻、电压源，三个元件串联。利用虚拟伏安分析仪"IV analyzer"观察其伏安特性。

第5章 含运算放大器电路

运算放大器，简称运放，是一种双端输入、单端输出的具有高电压放大倍数，高输入阻抗、低输出阻抗的多级直接耦合放大器。它主要用来实现模拟信号的运算或处理，在模拟电子线路中得到了广泛的应用。

运放的简化模型。 运算放大器的符号如图 5.1(a)所示。模型中的字母 A，表示运放的开环电压放大倍数(输出电压与输入电压的比值，称为电压放大倍数或电压增益)，可达十几万倍。E^+ 表示接"正"电源端，E^- 表示接"负"电源端，这里电压的"正"、"负"是对"地"或公共端而言的。为简化分析，运放模型理想化，电源在电路符号图中被隐去不画出，通常只画有 a 端、b 端、o 端以及公共端，简化为如图 5.1(b)所示电路模型。

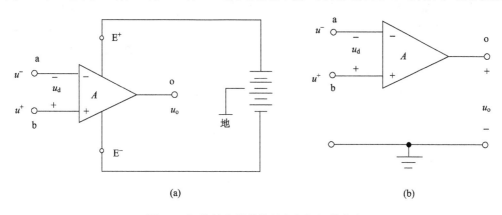

图 5.1 运算放大器的符号和各标识符含义

各端点上的电压参考方向如图 5.1(b)所示，每一端点均为对地的电压，在接地端未画出时尤其注意。o 端称为信号输出端，a、b 端输入的信号经运算放大器处理后从 o 端输出。a 端称为反相输入端：当输入电压 u^- 加在 a 端正信号时，输出电压 u_o 为负信号。b 端称为同相输入端：当输入电压 u^+ 加在 b 端正信号，输出电压 u_o 为正信号。a 端和 b 端分别用"$-$"号和"$+$"号标出，但不要将它们误认为电压参考方向的正负极性。

运算放大器的传输特性。 输入信号和输出信号的关系，称为运算放大器的传输特性。如果在 a 端和 b 端分别同时加输入电压 u^- 和 u^+，则有：$u_o = A(u^+ - u^-) = Au_d$，其中 $u_d = u^+ - u^-$，运放的这种输入情况称为差动输入，u_d 称为差动(或差模)输入电压。

运放的外特性。 设运放在 a、b 间加电压 $u_d = u^+ - u^-$，输出 u_o 和输入 u_d 之间的关系用图 5.2 所示曲线来描述，这个关系曲线称为运放的外特性曲线。

从图 5.2 中可以看出三个重要区域。

(1)线性工作区：$|u_d| < U_{ds} = \dfrac{U_{sat}}{A}$，则 $u_o = Au_d$。

(2) 正向饱和区：$u_d > U_{ds}$，则 $u_o = U_{sat}$。

(3) 反相饱和区：$u_d < -U_{ds}$，则 $u_o = -U_{sat}$。

U_{ds} 是一个数值很小的电压，如某运放：$U_{sat} = 13V$，$A = 10^5$，$U_{ds} = 0.13mV$。

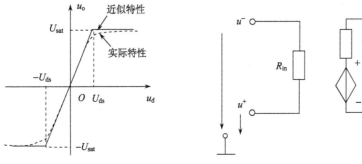

图 5.2　运算放大器的外特性　　　　　图 5.3　运算放大器的等效电路模型

运算放大器的等效模型。运放的电路等效模型如图 5.3 所示，其中电压控制电压源的电压为：$A(u^+ - u^-)$，R_{in} 为运算放大器两输入端间的输入电阻，R_o 为运算放大器的输出电阻。实际运放的输入电阻 R_{in} 大约接近 1MΩ，而输出电阻 R_o 为 100Ω 左右。在工程应用中，对于放大器的输入电阻要求是 R_{in} 越大越好，R_{in} 越大，放大器从信号源吸收的功率越小，信号源可以驱动更多的放大器。R_o 越小越好，相同容量的放大器可以带较多或更重的负载。

在分析含有运算放大器的电路时，实际运放的参数具有 A 很大，R_i 很大，R_o 很小的特点，常将其看作理想运放来处理，即将参数视为：$A_0 = \infty$，$R_i = \infty$，$R_o = 0$。从理想运放的条件可以导出两个重要的规则，我们合理地运用这两条规则，将使含运算放大器电路的分析大为简化。

【规则 1】"虚短"

如图 5.4 所示，运放的放大倍数：$A_0 = \dfrac{u_o}{u^+ - u^-}$　$\Rightarrow$　$u^+ - u^- = \dfrac{u_o}{A_0}$，$\because A_0 = \infty$，$u_o$ 为有限值，则 $u^+ - u^- = 0$，即 $u^+ = u^-$，两个输入端之间等电位，相当于短路，不是真的短路，是"虚短"路。在分析含运算放大器电路时，可以认为运放的两个输入端电位相等，像用导线短接一样，称为"虚短"。特别地，如果运放的同相端接地，$u^+ = 0$，则反相输入端也近似等于"地"电位，即 $u^- = u^+ = 0$，不是真的接地，所以称为"虚地"。

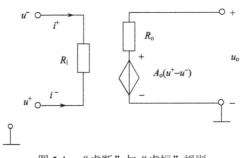

图 5.4　"虚断"与"虚短"规则

【规则 2】 "虚断"

因为 $R_i = \dfrac{u_i}{i_i} = \infty$，$u_i$ 为有限值，则导出 $i^+ = 0$，$i^- = 0$。即从输入端看进去，元件相当于开路(虚开路)。两个输入端的电流为 0，好像输入端与运放断开一样，称为"虚断"。

利用运放的线性工作区可实现输出、输入信号之间的线性运算关系，如比例、加/减、积分/微分等运算。它们都是运放的线性应用，而且都适用于叠加原理。要保证运放工作在线性区，在运放构成的各种运算电路中，就必须引入深度负反馈，以降低整个放大电路的放大倍数，从而扩大输入信号的范围。

5.1 反相放大器

反相放大器是信号从运放反相端输入并放大的经典电路，如图 5.5(a)所示。其结构简单，放大倍数设计方便可控，带宽也容易调整，稳定性好，广泛应用于工程实际中。

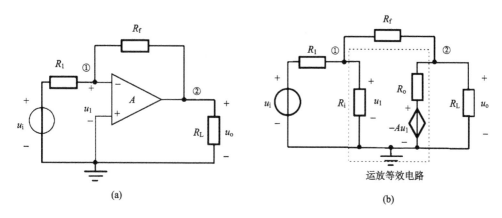

图 5.5 反相放大器

【实例 5.1】 试分析由运放和电阻构成的反相放大电路，设 u_i=3V，如图 5.6 所示。

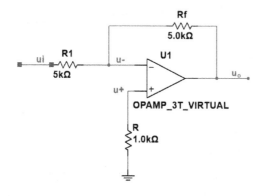

图 5.6 反相放大器电路

1. 理论分析

将图 5.6 所示电路抽象为图 5.5 所示的模型电路。输出电压 u_o 通过电阻 R_f 反馈到输入回路中。

用运放的等效模型，将电路简化为图 5.5(b) 所示电路，用节点分析法，先列写节点方程：

节点①

$$\left(G_1 + G_i + G_f\right)u_① - G_f u_② = G_1 u_i$$

节点②

$$\left(G_0 + G_L + G_f\right)u_② - G_f u_① = -A G_0 u_1$$

节点①

$$u_1 = u_①$$

整理，得

$$\begin{cases} \left(G_1 + G_i + G_f\right)u_① - G_f u_② = G_1 u_i \\ \left(A G_0 - G_f\right)u_① + \left(G_0 + G_L + G_f\right)u_② = 0 \end{cases}$$

解得

$$u_o = u_② = -\frac{G_1}{G_f}\frac{G_f\left(A G_0 - G_f\right)}{G_f\left(A G_0 - G_f\right) + \left(G_1 + G_i + G_f\right)\left(G_L + G_0 + G_f\right)}u_i$$

以上各式中

$$G_1 = \frac{1}{R_1}, G_i = \frac{1}{R_i}, G_f = \frac{1}{R_f}, G_L = \frac{1}{R_L}, G_0 = \frac{1}{R_0}$$

因 A 一般很大，故输出电压表达式中，分母 $G_f\left(A G_0 - G_f\right)$ 远大于 $\left(G_1 + G_i + G_f\right)$ $\left(G_L + G_0 + G_f\right)$ 的值，忽略后一项可得

$$u_o = -\frac{G_1}{G_f}u_i = -\frac{R_f}{R_1}u_i$$

上式表明 $\dfrac{u_o}{u_i}$ 只取决于反馈电阻 R_f 与 R_1 的比值，而不会由于运放的性能稍有改变而受到影响。选择不同的 R_f 与 R_1 值，就可获得不同的 $\dfrac{u_o}{u_i}$ 值，有比例器的作用。式子前的负号表明 u_o 和 u_i 总是方向相反。通常把这个电路也称为反相比例放大电路。

上述经过复杂的运算，最后得到的输入输出电压的比值，仅决定于 R_1、R_f。实际上根据运放的特性，把实际的放大器看成理想运放，利用"虚断"、"虚短"概念可以大大简化运算过程，计算结果的精度较好。

(1) 利用"虚短"，因为运放的同相端接地，所以反相端的电压也为 0，即 $u_1 = 0$。

(2) 利用"虚断"，$i^- = \dfrac{u_i - u_1}{R_1} + \dfrac{u_o - u_1}{R_f} = 0$，推得 $u_o = -\dfrac{R_f}{R_1}u_1$。

与利用节点分析法得到的结果一样，但利用"虚断"、"虚短"概念可以大大简化

计算。

按图 5.6 所示电路中的元件参数，可得放大器的输出电压为

$$u_o = -\frac{R_f}{R_1}u_i = -\frac{5}{5}\times 3 = -3(V)$$

2. 仿真分析

启动仿真程序，按图 5.6 画好仿真电路，设置元件参数，在输入、输出端放置两只电压表，检查电路确保无误，运行仿真程序，分析结果如图 5.7 中万用表 XMM2 显示的电压表为–3V，仿真结果和理论计算结果一致，达到反相放大效果。另外，值得注意的是，万用表 XMM1 的读数为 15.031μV，这个数字可以约等于 0，同相端与反相端等电位，说明"虚短"成立。

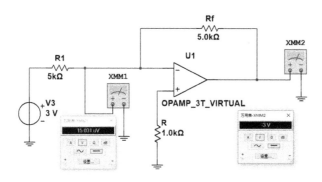

图 5.7　反相放大器仿真结果

5.2　同相放大器

同相放大器是信号从运放的同相端输入并放大的电路，如图 5.8 所示，也广泛应用于工程实际中，下面通过实例加以分析讨论。

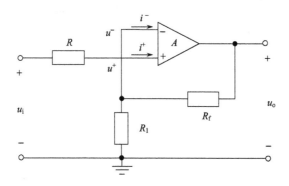

图 5.8　同相放大电路简图

【实例 5.2】试分析由运放和电阻构成的同相放大电路，如图 5.9 所示。

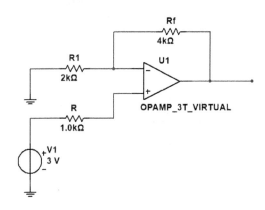

图 5.9　同相放大器

1. 理论分析

将 5.9 所示电路转化为图 5.8 所示的形式。利用运放的"虚短"、"虚断"特点：

因为 $\begin{cases} u^+ = u^- = u_i \\ i^+ = i^- = 0 \end{cases}$ ，所以 $(u_o - u^-) / R_f = u^- / R_l \Rightarrow u_o / R_f = u^- / R_l + u^- / R_f$

简化得

$$u_o = (R_f / R_l + R_f / R_f)u_i$$

或

$$u_o = (1 + R_f / R_l)u_i$$

按图 5.5 所给元件参数，放大器的输出电压为

$$u_o = \left(1 + \frac{R_f}{R_l}\right)u_i = \left(1 + \frac{4k}{2k}\right) \times 3 = 9V$$

通过分析可得同相放大器的特点如下。

(1)输出信号 u_o 与输入 u_i 信号同相。

(2)放大倍数由外围元件 R_l、R_f 决定，与运放无关。选择不同的 R_l 和 R_f，可以获得不同的 u_o/u_i 值，且一定大于 1。

2. 仿真分析

启动仿真程序，按图 5.9 画好仿真电路，设置元件参数，在输入、输出端放置三只电压表，检查电路确保无误，运行程序，分析结果如图 5.10 中万用表所示读数，仿真结果和理论计算结果一致，与输入电压 3V 相比，输出为 9V，且同相端和反相端电压均为 3V，达到了同相放大效果。

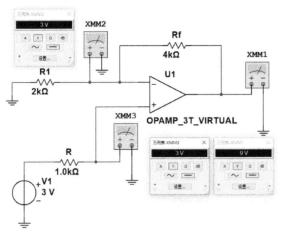

图 5.10　同相放大器仿真分析

5.3　跟　随　器

跟随器具有输出电压与输入电压相等、输入阻抗很大、输出阻抗很小的特点，常用它来改变放大电路的输入输出特性，或在两级电路中起到隔离作用，在工程实际中应用非常广泛。

【实例 5.3】试分析由运放和电阻构成的电压跟随电路，如图 5.11 所示。

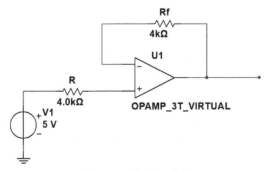

图 5.11　电压跟随器

1. 理论分析

电压跟随器是由同相比例运算电路 $u_\text{o} = \left(1 + \dfrac{R_\text{f}}{R_\text{l}}\right)u_\text{i}$ 演变而来的，如图 5.12（a）所示，如果令同相比例运算电路中的 $R_\text{f}{=}0$ 或者 $R_1{=}\infty$，同相比例运算电路转化为图 5.12（b）所示电路，所以输出电压：$u_\text{o} = \left(1 + \dfrac{R_\text{f}}{R_\text{l}}\right)u_\text{i} = \left(1 + \dfrac{0}{\infty}\right)u_\text{i} = u_\text{i}$。也就是说，输出和输入同相、相等，表现出"跟随"的特点。

通过理论分析，可以得到跟随器的几个特点。

（1）输入阻抗无穷大（虚断）。

（2）输出阻抗为零。

（3）$u_o = u_i$。

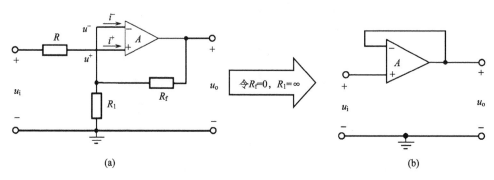

图 5.12　同相比例放大器转化为跟随器

2. 仿真分析

启动仿真程序，按图 5.11 画好仿真电路，设置元件参数，在输入、输出端放置两只电压表，检查电路确保无误，运行仿真程序，分析结果如图 5.13 万用表中所示数据，仿真结果和理论计算结果一致，输出与输入 5V 的大小、相位相同，跟随器没有电压放大效果。

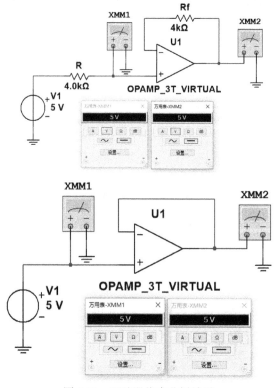

图 5.13　跟随器仿真分析结果

【注意事项】 如图 5.14 所示，R_1、R_2 电阻网络，在没有接上负载 R_L 时，电路的传输特性为：$u_2 = \dfrac{R_2}{R_1 + R_2} u_i$；但是，当接上负载 R_L 时，电路的传输特性为：

$u_L = u_2 = \dfrac{R_2 // R_L}{R_1 + R_2 // R_L} u_i \neq \dfrac{R_2}{R_1 + R_2} u_i$。$R_L$ 的接入将影响输出电压 u_2 的大小。如果在输出电压 u_2 后加一个电压跟随器，再接上负载 R_L，则可以计算负载 R_L 上的电压为：

$u_L = u_2 = \dfrac{R_2}{R_1 + R_2} u_i$。

可见，加入电压跟随器后，隔离了前后两级电路的相互影响。

因此，跟随器虽然没有电压放大能力，但是由于其输入电阻无穷大、输出电阻为 0、输出电压与输入电压同相相等的特性，广泛用于在电子电路的输入级、输出级和两级电路之间的隔离。

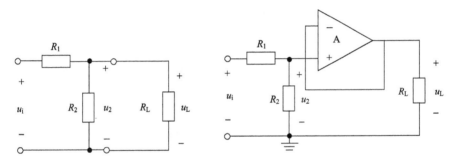

图 5.14　跟随器的隔离作用

5.4　模拟加法器

模拟加法器也是一个经典电路，应用广泛。通过以下实例讨论。

【实例 5.4】 分析由运放和电阻构成的加法器电路，如图 5.15 所示。

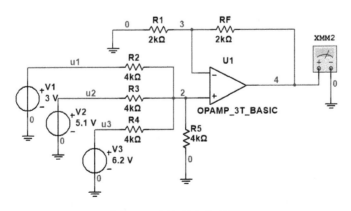

图 5.15　同相输入加法器

实例 5.4

1. 理论分析

将图 5.15 所示电路转化为图 5.16，因为

$$u^-=u^+=0, \quad i^+=i^-=0$$

所以有

$$\frac{u_{i_1}-u^+}{R_2}+\frac{u_{i_2}-u^+}{R_3}+\frac{u_{i_3}-u^+}{R_4}=\frac{u^+}{R_5}$$

$$u_{\mathrm{o}}=\left(1+\frac{R_{\mathrm{f}}}{R_4}\right)u^-\Rightarrow u_{\mathrm{o}}=\left(1+\frac{R_{\mathrm{f}}}{R_1}\right)\frac{\dfrac{u_{i_1}}{R_2}+\dfrac{u_{i_2}}{R_3}+\dfrac{u_{i_3}}{R_4}}{\dfrac{1}{R_4}+\dfrac{1}{R_2}+\dfrac{1}{R_3}+\dfrac{1}{R_5}}$$

如果选择参数

$$R_2=R_3=R_4=R_5$$

则

$$u_{\mathrm{o}}=\frac{1}{4}\left(1+\frac{R_{\mathrm{f}}}{R_1}\right)(u_{i_1}+u_{i_2}+u_{i_3})$$

按图 5.15 所示电路参数计算

$$u_{\mathrm{o}}=\frac{1}{4}\left(1+\frac{2\mathrm{k}}{2\mathrm{k}}\right)(3+5.1+6.2)=7.15(\mathrm{V})$$

说明输出信号是同相输入端信号的和乘以一个比例系数。

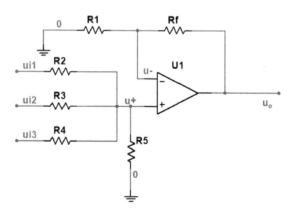

图 5.16　同相输入加法器

2. 仿真分析

启动仿真程序，按图 5.15 画好仿真电路，设置元件参数，在输出端放置电压表，检查电路确保无误，运行仿真程序，分析结果如图 5.17 所示，虚拟万用表的读数为 7.15V。输出为三个输入 3V、5.1V、6.2V 电压的相加再乘以比例系数，结果与输入电压同相并

放大为 7.15V，与理论计算一致。

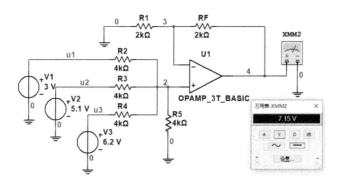

图 5.17　同相输入加法器仿真电路

5.5　差分信号放大电路

在电磁信号测量、调理电路中，为了抑制共模干扰信号，广泛应用差分放大器。

【实例 5.5】试分析由运放和电阻构成的加法器电路，如图 5.18 所示。

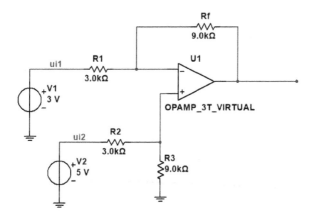

图 5.18　差分信号放大器

1. 理论分析

将图 5.18 转化为图 5.19 所示电路，当运放的两个输入端都加入信号时称为差动输入。用节点分析法分析。

因为

$$u^- = u^+ = 0, \quad i^+ = i^- = 0$$

对节点 1、2 分别列出节点电压方程为(并应用"虚断"概念，即 $i^+ = i^- = 0$)

节点①

$$\left(\frac{1}{R_1}+\frac{1}{R_f}\right)u^- - \frac{u_1}{R_1} - \frac{u_o}{R_f} = 0$$

节点②

$$\left(\frac{1}{R_3}+\frac{1}{R_2}\right)u^+ - \frac{u_2}{R_1} = 0$$

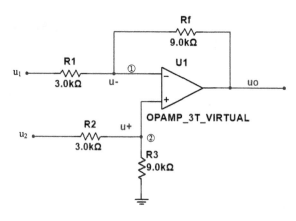

图 5.19　差分放大器

再利用"虚短"概念,即 $u^+ = u^-$,并考虑 $R_1 = R_2$,$R_3 = R_f$,代入上式,得 $\dfrac{u_1}{R_1} + \dfrac{u_o}{R_f} = \dfrac{u_2}{R_1}$,$\Rightarrow u_o = \dfrac{R_f}{R_1}(u_2 - u_1)$。从上式可知,放大器的输出信号是同相输入端电压与反相输入端电压之差乘以一个系数。实现了输入信号的减法(差动)运算。

按图 5.13 电路参数值,代入公式可以计算输出为

$$u_o = \frac{R_f}{R_1}(u_2 - u_1) = \frac{9k}{3k}(5-3) = 6(V)$$

输入之差是 2V,通过改变电阻 R_f、R_1 的值,可以得到不同放大倍数以灵活地改变放大器的输出。

2. 仿真分析

启动仿真程序,按图 5.18 画好仿真电路,设置元件参数,在输入、输出端放置三只电压表,检查电路确保无误,运行仿真程序,分析结果如图 5.20 所示,仿真结果和理论计算结果一致。

另外,值得注意的是,运算放大器的同相、反相端,两只表的读数均为 3.75V,也进一步证明了运放同相、反相端的"虚短"正确性。而且有:$\dfrac{u_- - u_{i_1}}{R_1} = \dfrac{u_o - u_-}{R_f}$,$u_+ = \dfrac{R_f u_{i_2}}{R_1 + R_f}$,同时也验证了运放输入端的"虚断"正确性。

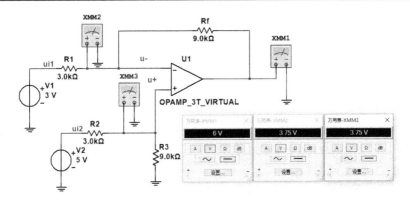

图 5.20　差分信号放大器仿真分析

训 练 题

1. 利用计算机仿真软件中的某型号运算放大器，设计一个反相放大器，输入一个 10mV/50Hz 的信号，设置放大倍数为 10 倍，利用虚拟示波器观察输出端的电压波形，并与输入电压波形对比。

2. 利用计算机仿真软件中的某型号运算放大器，设计一个同相放大器，输入一个 10mV/50kHz 的信号，设置放大倍数为 10 倍，利用虚拟示波器观察输出端的电压波形，并与输入电压波形对比。

3. 利用计算机仿真软件中的某型号运算放大器，设计跟随器，输入一个 10mV/DC 电压，叠加一个 50mV/10kHz 的电压信号。利用虚拟示波器观察输出端的电压波形，并设置一个 5kΩ 的负载电阻，再换一个 10kΩ 的负载电阻，观察两种不同负载，其输出波形的变化。

4. 利用计算机仿真软件中的某型号运算放大器，设计一个反相模拟加法器，输入三个直流电压分别为+0.2V、+0.5V、+1V；设置放大倍数为 1 倍，利用虚拟电压表观察输出端的电压值。

5. 利用计算机仿真软件中的某型号运算放大器，设计一个 4 位的 D/A 转换器。输入数字信号 0101、1010、1100，分别观察输出电压。

第6章 动态电路

动态电路是含动态元件的电路。电容和电感是动态元件,其伏安关系是一种微分(或者积分)关系,因此由基本约束 KCL、KVL 和元件 VCR 所建立的方程是微分方程。动态电路在启动或者切换的过程中,这个过程一般是指从一种稳定状态过渡到另一种稳定状态的时间,电路中各元件上的电压或者电流,在过渡时间内的变化,称为瞬态响应。在经典的数学分析中,一般采用求解微分方程的方法求解。如果选择手工计算,则其计算量比较大,过程也比较烦琐。选择计算机分析,实际上是一种数字分析方法,采用步进的方式,逐点迭代,收敛到比较精准的结果。

6.1 一阶 RC 电路瞬态分析

一阶电路有两种情况,一种是 RC 电路,另一种是 RL 电路。

如图 6.1 所示,电路包含一个电阻和一个电容,是一个简单的一阶 RC 电路。

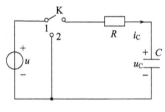

图 6.1 一阶 RC 电路

当开关放在"1"时,由 KVL 得

$$u_R + u_C = u$$

由元件的特性方程(VCR)得

$$u_R = Ri_C, \quad i_C = C\frac{\mathrm{d}u_C}{\mathrm{d}t}$$

将三式结合可得

$$RC\frac{\mathrm{d}u_C}{\mathrm{d}t} + u_C = u \tag{6.1}$$

式(6.1)是关于电容电压 u_C 为解变量的常系数、一阶微分方程。式中的 u 是输入信号或者输入信号的一种表达形式。求解这个方程除了知道系数(元件参数)和函数 u,还需要结合特定的边界条件,即初始条件。电路分析中,习惯分成几种情况来求解式(6.1)的一阶微分方程。

(1)$u=0$,图 6.1 中充电结束后,将开关从"1"放到位置"2",电容的初始电压不

为 0，RC 环路中没有输入电源，故电路动态解称为零输入响应，物理解释是电容的放电过程。此时的微分方程为

$$RC\frac{du_{\text{C}}}{dt} + u_{\text{C}} = 0$$

$$u_{\text{C}}(0_+) = U$$

是常系数、一阶齐次微分方程。

（2）$u = U$，为常量，电容的初始电压为 0，这时电路动态解称为零状态响应，物理解释是电容从 0 开始的充电情况。此时的微分方程为

$$RC\frac{du_{\text{C}}}{dt} + u_{\text{C}} = U$$

$$u_{\text{C}}(0_+) = 0$$

是常系数、一阶非齐次微分方程。

（3）$u = U$，为常量，电容的初始电压也不为 0，这时电路动态解称为完全响应，电容既可以是放电，又可以是充电情况。此时的微分方程为

$$RC\frac{du_{\text{C}}}{dt} + u_{\text{C}} = U$$

$$u_{\text{C}}(0_+) = U$$

是常系数、一阶非齐次微分方程。

如果 u 是常数，则表示输入信号是直流特性信号，电容的初始电压为 0 或不为 0。一阶电路数学模型就比较简单，可以归结一种三要素法计算，假设微分方程：$a\dfrac{df}{dt} + bf = c$，可以证明一阶微分方程的解为

$$f(t) = f(\infty) + [f(0_+) - f(\infty)|_{t=0_+}]e^{-\frac{1}{\tau}t} \tag{6.2}$$

式中，$f(0_+)$ 称为初始值；$f(\infty)$ 称为稳态值；$f(\infty)|_{t=0_+}$ 是稳态值在 $t=0_+$ 时刻的值；$u=U$ 是稳恒直流时，$f(\infty)|_{t=0_+} = f(\infty)$，$\tau = \dfrac{a}{b}$ 称为一阶电路的时间常数。只要能确定这三个参数，就能得到一阶方程的解，这也就是三要素法。

三要素法条件：线性电路、一阶电路、输入直流。

三要素：初始值、稳态值（也称为终值）、时间常数。

确定三要素，可以直接代入式（6.2）。

时间常数，对于 RC 电路：$\tau = RC$；对于 RL 电路：$\tau = L/R$。

下面结合仿真分析几个典型的暂态实例电路。

【实例 6.1】如图 6.2 所示，开关 S_1 从右边 R_2 倒向左边的 R_1，计算电容的电压、电流。

1. 理论分析

图 6.2 所示的电路很容易从理论上分析出开关切换前后电容电压的变化规律。当开关闭合在电阻一侧时，经过一定时间，假设电容上的电荷已泄放完成、电压为零。当开

关切换到电源一侧时，电源通过电阻对电容充电，此时电路的响应为一阶 RC 零状态响应问题。

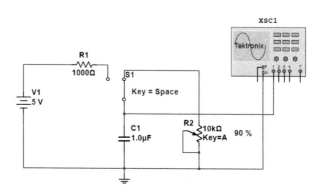

图 6.2　一阶 RC 充电电路

电路满足零状态响应问题，即求解初始状态为 0 的常系数、一阶非齐次微分方程，也可以采用三要素法来分析计算，具体步骤如下。

（1）时间常数 τ，电阻 R_1 为 $1\text{k}\Omega$，$\tau_{充} = R_1 C = 1\times 10^3 \times 1\times 10^{-6} = 1$（ms）。

（2）初始值，$u_C(0_+) = u_C(0_-) = 0(\text{V})$。

（3）稳态值，当充电完成时，电容视为开路，电容上的电压就是电源电压，$u_C(\infty) = V_1 = 5(\text{V})$。

（4）根据三要素法，有

$$u_C(t) = \left[u_C(0_+) - u_C(\infty) \right] \mathrm{e}^{-t/\tau} + u_C(\infty) = 5 - 5\,\mathrm{e}^{-1000t}\ (\text{V})$$

电容电流为

$$i_C = C \frac{\mathrm{d}u_C(t)}{\mathrm{d}t} = 1\times 10^{-6}\frac{\mathrm{d}}{\mathrm{d}t}(5 - 5\,\mathrm{e}^{-1000t}) = 5\,\mathrm{e}^{-1000t}\ (\text{mA})$$

2. 仿真分析

下面用计算机仿真来分析该电路。

启动并打开 Multisim 的界面，从库文件中，选择电阻、电容、直流电源、单刀双掷开关、地、双踪示波器等元器件和测试设备，按图 6.2 连接，画出一阶 RC 仿真电路原理图，并给各元件赋值，可修改参数。

检查图 6.2 所示电路，确定电路正确无误后，运行软件，得到结果如图 6.3 所示，示波器幅度坐标设置为 2V/格（2V/Div），时间坐标设置为 1ms/格（1ms/Div），设置为触发模式，触发电平为 1V，选择上升沿触发。注意，我们选择的是计算机软件中的一种虚拟示波器，界面与真实泰克公司某型号示波器一致。使用时更接近真实感。

从理论分析可知，电容上的电压要经过无穷长时间后才与输入电压相同，也就是说，电容充电完成，可视为开路。但是，在工程中，通常认为经过 $3\tau \sim 5\tau$ 后即可认为充电结束。电路中电压、电流衰减的快慢取决于时间常数 τ 的大小，时间常数越大，衰减越慢，过渡过程越长；反之，时间常数越小，衰减越快，过渡过程越短。

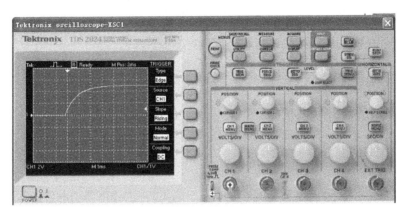

图 6.3 一阶 RC 电路电容电压零状态响应仿真波形

从图 6.3 中可以看到，电容上的电压从初始电压 0V 上升到稳态电压 5V 所需要的时间约为 5ms，电路的时间常数为 1ms，也就是说，经过 5 个时间常数后，电容上的电压上升到非常接近稳态值 5V，仿真结果与理论分析结果一致。

注意，计算机仿真给出的结果，一般为电压波形图。理论分析一般是计算出电压函数。如果将函数画出来，则应该是一致的。

【实例 6.2】如图 6.4 所示，开关 S_1 从左边 R_1 倒向右边 R_2 的支路，计算电容的电压、电流。

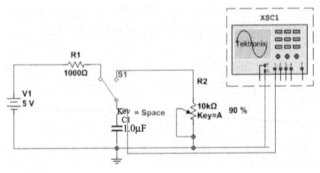

图 6.4 一阶 RC 放电电路

1. 理论分析

当开关闭合在电源一侧时，经过一定时间，假设电容已完成充电，电容上的电压等于电源电压。此时，将开关 S_1 切换到电阻(即 R_2)一侧时，电容通过电阻放电，此时一阶 RC 电路的响应对应为零输入响应问题，也可以用三要素法进行分析，具体步骤如下。

(1)时间常数 τ，R_2 电阻为 5kΩ，$\tau_{放} = R_2C = 5\times10^3\times1\times10^{-6} = 5$（ms）。

(2)初始值，$u_C\left(0_+\right) = u_C\left(0_-\right) = 5(V)$。

(3)稳态值，当放电完成时，电容电荷为 0，电容电压：$u_C\left(\infty\right) = 0(V)$。

（4）根据三要素法，则

$$u_C(t) = \left[u_C(0_+) - u_C(\infty) \right] e^{-\frac{t}{\tau}} + u_C(\infty) = 5e^{-200t} \text{(V)}$$

电容电流为

$$i_C = C \frac{du_C(t)}{dt} = 1 \times 10^{-6} \times \frac{d}{dt}(5e^{-200t}) = -e^{-200t} \text{(mA)}$$

2. 仿真分析

下面用计算机来分析该电路。检查图 6.4 所示电路，确定电路正确无误后，运行软件，仿真分析结果如图 6.5 所示，示波器设置为：幅度坐标 2V/格（2V/Div），时间坐标 5ms/格（5ms/Div），设置为触发模式，触发电平为 1V，选择下降沿触发。

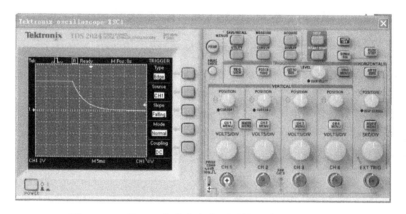

图 6.5　一阶 RC 电路电容电压零输入响应仿真波形

从理论分析可知，电容上的电压经过无穷长时间后降为 0V，也就是说，电容电荷泄放完成。从计算机仿真波形图 6.5 中可以看到，电容上的电压从初始电压 5V 下降到稳态电压 0V 所需要的时间约为 25ms，电路的时间常数为 5ms，也就是说，经过 5 个时间常数后，电容上的电压下降到稳态值，其结果与理论分析结果一致。

【注意事项】通过比较图 6.3 和图 6.5 可以看到，在动态元件 C 不变的情况下，改变电阻的大小可以改变时间常数 τ，从而控制或改变完成充、放电所需的时间。

6.2　一阶 RL 电路瞬态分析

如图 6.6 所示，电路包含一个电阻和一个电感，是一个简单的一阶 RL 电路。当开关 S_1 接通电流源和 R_1、L_1 时，由 KVL 得

$$i_R + i_L = i$$

由元件的特性方程（VCR）得

$$u_R = u_L = Ri_R, \quad u_L = L\frac{di_L}{dt}$$

三式结合并整理，可得

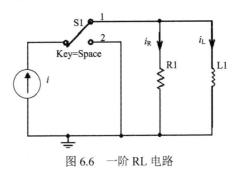

图 6.6 一阶 RL 电路

$$\frac{L}{R}\frac{\mathrm{d}i_L}{\mathrm{d}t} + i_L = i \ \text{或} \ GL\frac{\mathrm{d}i_L}{\mathrm{d}t} + i_L = i \tag{6.3}$$

这个方程是关于电感电流 i_L 为解变量的常系数、一阶微分方程。一般情况下，i 可以是 0、常数或时间的函数。求解方程除了知道系数（元件参数）和函数 i，还需要结合特定的边界条件。

电路分析可分成几种情况来求解式(6.3)。

(1) $i = 0$，相当于将图 6.6 中的开关 S_1 放到 "2" 位置，电感的初始电流不为 0，这时电路动态解称为零输入响应，物理解释是电感的放电情况。此时的微分方程为

$$GL\frac{\mathrm{d}i_L}{\mathrm{d}t} + i_L = 0$$
$$i_L(0_+) = I_0$$

(2) $i = I$，为常量，电感的初始电流为 0，这时电路动态解称为零状态响应，物理解释是电感电流从 0 开始的充电情况。此时的微分方程为

$$GL\frac{\mathrm{d}i_L}{\mathrm{d}t} + i_L = I$$
$$i_L(0_+) = 0$$

(3) $i = I$，为常量，但电感电流的初始值不为 0，这时电路的响应称为完全响应，根据具体情况，电路既可以是放电，又可以是充电情况。此时的微分方程为

$$GL\frac{\mathrm{d}i_L}{\mathrm{d}t} + i_L = I$$
$$i_L(0_+) = I$$

同理，当输入是直流信号时，可以选择利用三要素法求解。以下通过几个实例讨论瞬态响应。

【实例 6.3】 如图 6.7 所示，开关从 "2" 倒向 R_1、L_1 时，计算电感的电压电流。

1. 理论分析

当开关闭合在导线电路一侧时，即电流源与导线形成回路，电感 L 与电阻形成回路，经过一定时间，假设电感上的电流为零。当开关再次切换到 R_1、L_1 电路一侧时，由电源

对电感进行充电，此后电路的响应是一阶 RL 零状态响应问题。电感上的电流和电压变化规律也可根据三要素法进行分析。

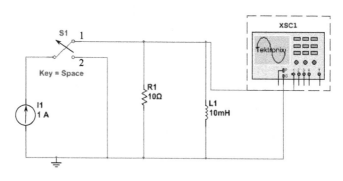

图 6.7　一阶 RL 电路充电模型

（1）时间常数 τ，电阻为 10Ω，$\tau_{充} = L / R = 10 \times 10^{-3} / 10 = 1$（ms）。

（2）初始值，对于电感上的电压而言并不是连续的，开关切换瞬间电压有跳变，因此不能根据换路定理获得电感电压初始值，$u_L\left(0_+\right) \neq u_L\left(0_-\right) = 0(V)$。但是通过电感的电流具有连续性，开关闭合后一瞬间，电感电流：$i_L\left(0_+\right) = i_L\left(0_-\right) = 0(A)$，电流源的电流全部流过电阻，在电阻上产生压降，$u_R\left(0_+\right) = Ri_R\left(0_+\right) = 10(V)$，电感 L_1 与 R_1 并联，具有相同电压 $u_L\left(0_+\right) = u_R\left(0_+\right) = 10(V)$。

（3）稳态值，当充电完成时，电感视为短路，电感上的电流等于电流源的电流，即 $i_L\left(\infty\right) = 1(A)$，电压为 0V，$u_L\left(\infty\right) = 0(V)$。

（4）根据三要素法，则

$$i_L\left(t\right) = \left[i_L\left(0_+\right) - i_L\left(\infty\right)\right] e^{-\frac{t}{\tau}} + i_L\left(\infty\right) = 1 - e^{-1000t} (A)$$

$$u_L\left(t\right) = \left[u_L\left(0_+\right) - u_L\left(\infty\right)\right] e^{-\frac{t}{\tau}} + u_L\left(\infty\right) = 10e^{-1000t} (V)$$

电感电压也可以利用电感元件的 VCR 方程求得

$$u_L\left(t\right) = L\frac{di_L}{dt} = L\frac{d}{dt}(1 - e^{-1000t}) = 10e^{-1000t} (V)$$

2. 仿真分析

启动并打开 Multisim 的界面，从库文件中，选择电阻、电感、电流源、单刀双掷开关、地、双踪示波器等元器件和测试设备，按图 6.7 连接，画出一阶 RL 仿真电路原理图，并给各元件赋值。

核实电路元件参数和连接关系，确认正确无误后，运行 Multisim 软件得到仿真结果如图 6.8 所示。虚拟示波器参数设置：纵坐标电压幅度坐标为 2V/格（2V/Div），时间坐标为 1ms/格（1ms/Div），设置为触发模式，触发电平为 1V，选择上升沿触发。

从理论分析可知，电感上的电压在开关切换瞬间发生跃变，从 0V 跃升到 10V，随

着电感充电的进行，电感电压按指数规律逐渐下降，当电感充电完成时，可视为短路，

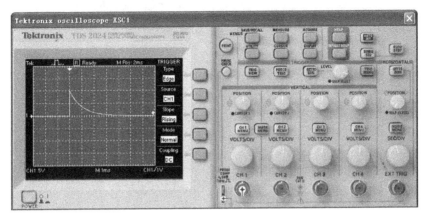

图 6.8　一阶 RL 电路电感电压零状态响应仿真波形

电感电压为 0V。从图 6.8 中可以看到，电感上的电压从初始电压 10V 下降到稳态电压 0V 所需的时间约为 5ms，电路的时间常数为 1ms，经过 5 个时间常数后，电感上的电压从开关切换后一瞬间的 10V 按指数规律下降到 0V，其结果与理论分析结果一致，也可以用虚拟示波器观察电感电流的波形，这里不再赘述。

　　【实例 6.4】如图 6.9 所示，开关 S_1 从 R_1、L_1 电路倒向"2"时，计算电感的电压、电流。

1. 理论分析

　　当开关闭合在 R_1、L_1 电路一侧时，经过一定时间，假设电感完成充电，电感上的电流等于电流源电流。此时，将开关切换到导线一侧，电感通过电阻放电，此时一阶电路对应为零输入响应，同时改变电阻 R_1 的数值为 20Ω，电路如图 6.9 所示。求解初始条件不为 0 的常系数、一阶齐次微分方程问题。

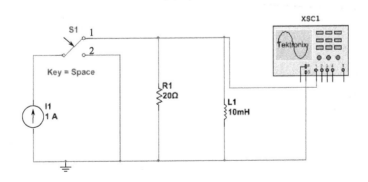

图 6.9　一阶 RL 电路放电模型

电感上的电流和电压变化规律可根据三要素法进行分析。

(1)时间常数 τ，电阻为 20Ω，$\tau = L / R = GL = 10 \times 10^{-3} / 20 = 0.5$（ms）。

(2)对于电感上的电压而言并不是连续的,因此不能根据换路定理直接求得电感电压初始值。但是流过电感的电流是连续的,开关闭合后一瞬间,电感电流: $i_L(0_+) = i_L(0_-) = 1(A)$,电感的电流全部流过电阻,从而在电阻上产生压降, $u_R(0_+) = Ri_R(0_+) = -20(V)$,因此 $u_L(0_+) = -20(V)$。

(3)当放电完成时,电感视为短路,电感上的电流为 0A,即 $i_L(\infty) = 0(A)$,电压为 0V, $u_L(\infty) = 0(V)$。

(4)根据三要素法,则

$$i_L(t) = \left[i_L(0_+) - i_L(\infty) \right] e^{-t/\tau} + i_L(\infty) = e^{-2000t}(A)$$

$$u_L(t) = \left[u_L(0_+) - u_L(\infty) \right] e^{-t/\tau} + u_L(\infty) = -20e^{-2000t}(V)$$

2. 仿真分析

检查电路,运行软件得到仿真结果如图 6.10 所示,虚拟示波器设置:纵轴为电压: 2V/格(2V/Div);横轴为时间:0.5ms/格(500μs/Div),设置为触发模式,触发电平为–1V,选择下降沿触发。

从理论分析可知,电感上的电压在开关切换瞬间发生跃变,从 0V 跳变到–20V,随着电感放电的进行,电感电流逐渐下降,电感电压从负值逐渐上升,当电感放电完成时,可视为短路,此时电感电压回到 0V。

从图 6.10 中可以看到,电感上的电压从初始电压–20V 逐渐过渡到稳态电压 0V 所需要的时间约为 2.5ms,电路的时间常数为 0.5ms(或 500μs),也就是说,经过 5 个时间常数后,电感上的电压从开关切换瞬间的–20V 上升到 0V,其结果与理论分析结果一致。

也可以通过虚拟示波器观察电感电流的波形。

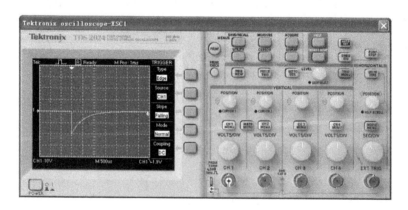

图 6.10   一阶 RL 电路电感电压零输入响应仿真波形

【注意事项】通过比较图 6.8 和图 6.10 也可以看到,在一阶 RL 电路中,如果电感量 L 不变,改变电阻的大小可以改变时间常数,从而灵活地调节或控制电路的充、放电的时间。

6.3 二阶 RLC 串联电路

如图 6.11 所示，RLC 串联二阶电路，当开关 S_1 从"短路线"倒向电压源时，由 KVL：$u_L + u_R + u_C = u$，由元件的特性方程 VCR：

$u_L = L\dfrac{di_L}{dt}$，$u_R = Ri_R$，$i_C = C\dfrac{du_C}{dt}$，由于是串联电路，所以有 $i_R = i_L = i_C = i$，将后面几个关系式代入 KVL 并整理，可得

$$LC\frac{d^2u_C}{dt^2} + RC\frac{du_C}{dt} + u_C = u \tag{6.4}$$

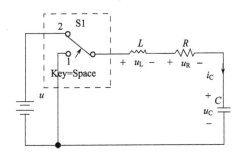

图 6.11 RLC 串联电路的暂态响应问题

这个方程是关于电容电压 u_C 为解变量的常系数、二阶微分方程。求解这个方程除了知道系数（元件参数）和函数 u，还需要结合特定的边界条件：$u_C(0_+)$ 和 $i_L(0_+)$。

在分析中一般将式(6.4)分成几种情况来求解。

(1) $u = 0$，相当于将图 6.11 中的开关 S_1 放到"短路线"位置，电容、电感的初始状态不全为 0，即 $u_C(0_+)$ 和 $i_L(0_+)$ 至少一个不为 0，这时电路的动态解称为零输入响应，是由动态元件的初始储能引起的暂态响应。此时的微分方程为

$$LC\frac{d^2u_C}{dt^2} + RC\frac{du_C}{dt} + u_C = 0$$

是常系数、二阶齐次微分方程。再加上初始条件 $u_C(0_+)$ 和 $i_L(0_+)$ 的值。电路的响应是二阶微分方程的齐次通解，再用初始条件定积分常数。

(2) 若 $u = U$，为常量，则电容、电感的初始储能为 0，这时电路的动态解称为零状态响应。此时的微分方程为

$$LC\frac{d^2u_C}{dt^2} + RC\frac{du_C}{dt} + u_C = U$$

是常系数、一阶非齐次微分方程。再加上初始条件 $u_C(0_+) = 0$ 和 $i_L(0_+) = 0$。电路的响应是二阶微分方程的齐次通解+非齐次特解，再用初始条件定积分常数。

(3) $u = U$，为常量，电容电压、电感电流的初始值不全为 0，这时电路动态解被称为完全响应。电路的响应是二阶微分方程的齐次通解+非齐次特解，再用初始条件定积

分常数。

综上所述，无论哪种情况，都需要二阶微分方程的齐次通解，由高等数学知识可知，常系数二阶微分方程的齐次通解与对应的特征方程 $LCp^2 + RCp + 1 = 0$ 的解有关。

特征根为

$$p = -\frac{R}{2L} \pm \sqrt{\left(\frac{R}{2L}\right)^2 - \frac{1}{LC}} = -\alpha \pm \sqrt{\alpha^2 - \omega_0}$$

式中，α 为衰减系数；ω_0 为自然谐振角频率。

特征方程的根，根据电路中元件 R、L、C 参数不同，可能有 4 种情况，齐次通解也对应 4 种形式。

①若参数满足 $(RC)^2 - 4LC > 0$（或 $\alpha^2 > \omega_0$，$R > 2\sqrt{L/C}$），特征根为不相等二实根：

$p_{1,2} = \dfrac{-R \pm \sqrt{(R)^2 - 4L/C}}{2L}$，微分方程的齐次通解形式为：$u_C(t) = Ae^{p_1 t} + Be^{p_2 t}$，称为过阻尼，响应为非振荡型。

②若参数满足 $(RC)^2 - 4LC = 0$（或 $R = 2\sqrt{L/C}$），特征根为相等实根：$p_{1,2} = \dfrac{-R}{2L}$，微分方程的齐次通解形式为：$u_C(t) = Ae^{pt} + Bte^{pt}$，称为临界阻尼，响应为临界非振荡型。

③若参数满足 $(RC)^2 - 4LC < 0$（或 $R < 2\sqrt{L/C}$），特征根为一对共轭复数，$p_{1,2} = \alpha \pm j\omega_d$，其中 $\alpha = R/2L$，$\omega_0 = 1/\sqrt{LC}$，$\omega_d = \sqrt{\omega_0^2 - \alpha^2}$。微分方程的齐次通解形式为 $u_C(t) = Ae^{-\alpha t}\cos(\omega_d t + \beta)$，称为欠阻尼，响应是减幅振荡型。

④特例，如果 $R=0$，则特征方程为一对共轭虚根，$p_{1,2} = \pm j\omega_0$，微分方程的通解形式为 $u_C(t) = A\cos(\omega_0 t + \beta)$，$\omega_0 = 1/\sqrt{LC}$，称为无阻尼，响应是等幅振荡型，振荡频率为自然振荡频率。

以上讨论的 4 种情况也是二阶物理系统的普遍规律，人们习惯称为：过阻尼、临界阻尼、欠阻尼和无阻尼。下面结合仿真对 RLC 串联电路的暂态响应进行分析和讨论。

【实例 6.5】 图 6.12 是二阶 RLC 串联电路，计算电路电压、电流响应。

1. 理论分析

如图 6.11 所示，当开关闭合在直流电源一侧时，经过一定时间，假设电感上的电流为零，电容上的电压等于电源电压。开关切换到导线一侧时，此时二阶 RLC 电路是零输入响应。电容上电压变化规律根据器件参数可知：$R = 400 > 2\sqrt{L/C} = 200$，因此电路处于过阻尼情况。

根据电路设置元件参数 R=400Ω、L=1mH、C=0.1μF，代入二阶微分方程对应的特征方程 $10^{-10}p^2 + 4 \times 10^{-5}p + 1 = 0$，可得两个不相等的负实根 $p_{1,2} = -(2 \pm \sqrt{3}) \times 10^5$，根据前面的分析可知，电容电压响应形式为欠阻尼：$u_C(t) = Ae^{p_1 t} + Be^{p_2 t} = Ae^{-26794t} + Be^{-373205t}$。

边界条件是：$u_C(0_+) = 5$，$i_L(0_+) = 0$，所以有：$u_C(0_+) = A + B = 5$，$i_L(0_+) = i_C(0_+)$

$$= C \frac{\mathrm{d}u_{\mathrm{C}}(t)}{\mathrm{d}t}\Big|_{t=0_{+}} = -26794A - 373205B = 0 \text{；联立解得 } A = 5.38674 \text{，} \quad B = -0.38674 \text{。}$$

所以电容的电压为：$u_{\mathrm{C}}(t) = 5.38674\mathrm{e}^{-26794t} - 0.38674\mathrm{e}^{-373205t}$ V $(t \geqslant 0)$，是两条指数衰减曲线的叠加。

电路电流：$i = i_{\mathrm{R}} = i_{\mathrm{L}} = i_{\mathrm{C}} = C \dfrac{\mathrm{d}u_{\mathrm{C}}(t)}{\mathrm{d}t} = -14.4\mathrm{e}^{-26794t} + 14.4\mathrm{e}^{-373205t}$ mA$(t \geqslant 0)$。

电感电压：$u_{\mathrm{L}}(t) = L \dfrac{\mathrm{d}i(t)}{\mathrm{d}t} = 0.38583\mathrm{e}^{-26794t} - 5.37415\mathrm{e}^{-373205t}$ V $(t \geqslant 0)$。

电阻电压：$u_{\mathrm{R}}(t) = Ri(t) = -5.76\mathrm{e}^{-26794t} + 5.76\mathrm{e}^{-373205t}$ V $(t \geqslant 0)$。

所有响应都是两个相同指数函数的线性组合。

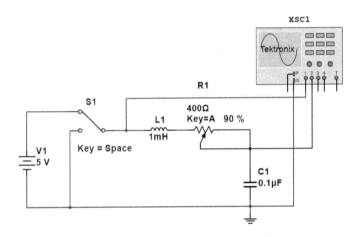

图 6.12 分析软件界面的 RLC 串联电路

2. 仿真分析

按照图 6.12 所示的电路画好仿真电路，设置元件参数和示波器的刻度幅度坐标，2V/格(2V/Div)；时间坐标，100μs/格(100μs/Div)，设置为触发模式，触发电平为 1V，选择下降沿触发，检查无误，运行仿真分析软件得到结果，如图 6.13 所示。

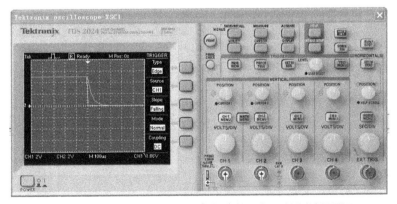

图 6.13 二阶 RLC 串联电路瞬态仿真示波器波形(过阻尼)

显然，本例题是二阶电路的过阻尼状态。如果改变电路中元件的参数，则可以获得其他状态。改变电路中的电阻 R_1 为 200Ω，此时 $R=2\sqrt{\dfrac{L}{C}}$，根据理论知识可知，此时电路处于临界阻尼情况。

1. 理论分析

当 $R=200\Omega$ 时，结合前面的分析可知，特征根 $p_1=p_2=-10^5$，通解为：$u_c(t)=A\mathrm{e}^{pt}+Bt\,\mathrm{e}^{pt}=(A+Bt)\mathrm{e}^{-10^5 t}$，结合边界条件：$u_C(0_+)=5$，$i_L(0_+)=0$ 可求得

$$A=5,\quad B=5\times10^5$$

响应为

$$u_C(t)=A\mathrm{e}^{pt}+Bt\,\mathrm{e}^{pt}=5(1+10^5 t)\mathrm{e}^{-10^5 t}\ \mathrm{V}$$

2. 仿真分析

如图 6.14 所示，改变电阻使其 $R_1=200\Omega$，运行分析软件，其结果如图 6.15 所示。与理论分析一致。

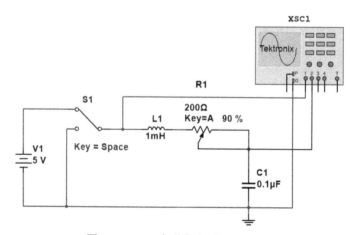

图 6.14　RLC 串联电路(临界阻尼)

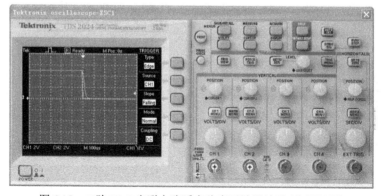

图 6.15　二阶 RLC 串联电路瞬态仿真示波器波形(临界阻尼)

针对本例题，继续减小电阻的数值，当电阻小于 200Ω 时，电路处于欠阻尼情况。当电容、电感保持不变时，电阻的减小会减缓电压衰减的速度，如图 6.16 所示。

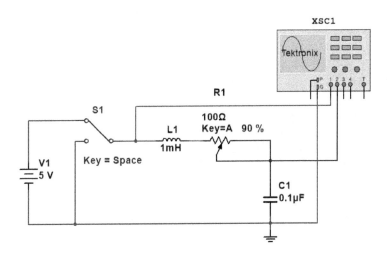

图 6.16　RLC 串联电路(欠阻尼)

1. 理论分析

此时电路二阶微分方程的特征方程的解为一对共轭复数。电路会出现减幅振荡现象。响应形式是：$u_C(t) = Ae^{-\alpha t} \cos(\omega_d t + \beta)$。$p_{1,2} = \alpha \pm j\omega_d$，其中 $\alpha = R/2L$，$\omega_0 = 1/\sqrt{LC}$，$\omega_d = \sqrt{{\omega_0}^2 - \alpha^2}$。

2. 仿真分析

如图 6.16 所示，电阻 R_1 设为 100Ω，此时满足 $R < 2\sqrt{\dfrac{L}{C}}$ 条件，设置其他参数，检查无误，运行分析软件，其结果如图 6.17 所示。从示波器可以明显地观察到电容电压的振荡波形。与理论分析情况一致。

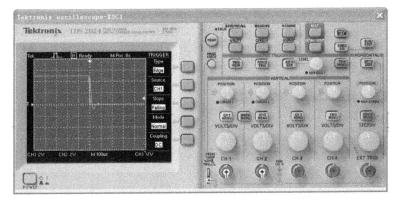

图 6.17　二阶 RLC 串联电路瞬态仿真示波器波形(欠阻尼)R=100Ω

实例 6.5

　　继续调整电阻值，当电阻 R_1 设为 20Ω 时，运行仿真程序，得到仿真结果如图 6.18 所示。对比图 6.17 和图 6.18 的仿真结果可以看到，随着电阻的继续减少，电路的衰减系数在减小，从而使得电容电压的衰减速度变慢，振荡更加明显，且振荡频率也略有升高。其结果与理论分析仪一致。

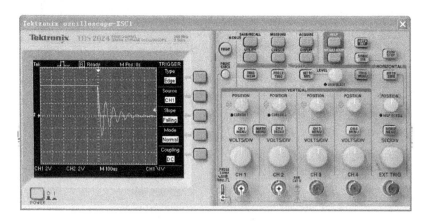

图 6.18　二阶 RLC 串联电路瞬态仿真示波器波形（欠阻尼）$R=20Ω$

训　练　题

　　1. 利用 Multisim 软件库元件，设计构成一个 RC 一阶电路，R 和 C 参数自选。输入一个连续方波电压信号，重复频率 50Hz，占空比 50%。利用虚拟示波器观察电容上的电压波形。改变电路中 R 的参数，观察电容上电压发生的变化，并解释之。

　　2. 利用 Multisim 软件库元件，设计构成一个 RL 一阶电路，R 和 L 参数自选。输入一个连续方波电流信号，重复频率 5kHz，占空比 40%。利用虚拟示波器观察电感上的电压波形。改变电路中 R 的参数，观察电感上电压发生的变化，并解释之。

　　3. 利用 Multisim 软件库元件，设计构成一个 RC 一阶电路，R 和 C 参数自选。输入一个正弦波电压信号，频率自定。利用虚拟示波器观察电容上的电压波形，同时观察输入电压信号（利用虚拟的双踪示波器）。改变电路中 R 的参数，观察电容上电压发生的变化。注意与输入信号的对比。

　　4. 利用 Multisim 软件库元件，设计构成一个 RLC 二阶电路，R、L 和 C 参数自选。输入一个连续方波电压信号，重复频率自定，占空比 50%。利用虚拟示波器观察电容上的电压波形。改变电路中 R 的参数，观察电容上电压发生的变化。要仿真出典型的过阻尼状态和欠阻尼状态。

　　5. 利用 Multisim 软件库元件，设计构成一个 RLC 二阶电路，R、L 和 C 参数自选。输入一个连续正弦波电压信号，利用虚拟示波器观察电容上的电压波形。

第7章 交流信号电路分析

交流信号应用非常普遍，例如，在电力系统中，选用 50Hz 的正弦交流电。这源于发电机一般是做圆周运动，产生单频正弦电流，同时，单频交流电，十分利于应用变压器实现电压的升和降，利于远距离电能传输。在电子信息技术领域，正弦信号是最常用的基本信号。例如，我们实验室的函数发生器，可以产生一定频率范围的稳定正弦波信号。利用函数发生器，为实验电路提供必要的输入检测信号。

在电路课程中，对于单频正弦信号有其特有的分析算法，称为正弦稳态响应。当激励是正弦电压(或电流)时，其稳态响应也是同频率的正弦电压(或电流)。同频的正弦信号，可以映射到复平面，称为相量。将一个正弦信号与对应的相量联系起来，可以借助相量法分析正弦稳态电路。例如，两个或多个同频率正弦量的加、减仍为同频率的正弦量，一个正弦信号的求导和积分仍为同频的正弦信号。关于相量法，在理论教材中有详细介绍，本书不再赘述。

在线性电路中，当激励为非正弦周期性变化的电压或电流时，还可以利用傅里叶级数将它分解成不同频率的各次谐波之和来表示，并用叠加定理对每一个频率计算后叠加，可以获得非正弦周期信号激励下的响应。

对于计算机分析，它选择的方法可能就不一定是相量法，由于计算机具备很快的计算速度，所以它可以选择步进式，数字迭代算法，这样不论什么信号，也不论交流周期还是非稳定周期信号，都可以直接利用数字迭代法，进行有效的分析计算，关于计算机的计算方法，也不是本书讨论的内容，本书介绍利用计算机作为工具分析仿真。

7.1 单口网络电路

不含独立源，含有受控源的单口网络，如图 7.1(a)所示，其 VCR 可以表示为 $\dot{U} = Z\dot{I}$，其中 $\dot{U}$、$\dot{I}$ 分别是网络端口电压和电流相量，Z 称为单口网络的等效阻抗或输入阻抗，如图 7.1(b)所示，阻抗一般为复数，可以表示为 $Z = z\angle\varphi_z$。z 称为阻抗的模，$\varphi_z = \varphi_u - \varphi_i$ 称为阻抗的角，是端口电压对电流的相位差。

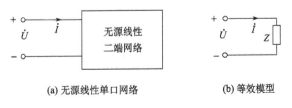

(a) 无源线性单口网络   (b) 等效模型

图 7.1　单口网络框图

无源单口网络的 VCR 也可表示为：$\dot{I} = Y\dot{U}$，其中 Y 称为无源单口网络的等效导纳或输入导纳，可以写为 $Y = y\angle\varphi_y$。y 称为导纳模，$\varphi_y = \varphi_i - \varphi_u$ 称为导纳角，是端口电流对电压的相位差。对同一个无源单口网络来说，阻抗和导纳互为倒数，即 $Z = \dfrac{1}{Y}$。

下面通过 Multisim 软件仿真来计算无源单口网络的阻抗参数或者导纳参数。

【实例 7.1】图 7.2(a) 是简单单口网络，可以等效为一个复数阻抗，试计算网络的等效阻抗。

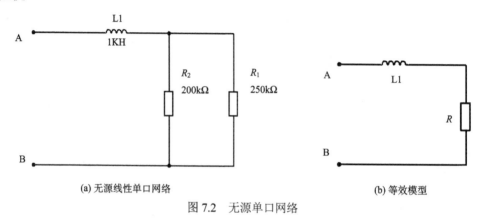

(a) 无源线性单口网络　　　　　　　　　　　　　　　(b) 等效模型

图 7.2　无源单口网络

1. 理论分析

对于不知道网络内部元件参数和连接关系的"黑匣子"，为了分析单口网络的等效阻抗，可以在端口施加一个交流信号源，阻抗的值与信号的频率有关。阻抗的模可以通过接在端口的交流电压表和交流电流表读数求得。阻抗的角(相位)可以通过端口功率表来求取。三个表可以测出单口网络的阻抗模、功率因数、等效电阻、等效电抗等参数，因此称为三表测试法。

如果知道网络内部元件参数和连接关系，外加正弦激励源的频率、相位，则可以直接计算出单口网络的等效阻抗的参数。如图 7.3 所示，当端口输入有效值为 10V、频率为 50Hz 的正弦交流电压源时，按图中元件结构和参数直接计算出

$$R = R_1 \,//\, R_2 = \frac{1000}{9}(\text{k}\Omega)$$

电感的感抗为

$$X_L = \omega L = 2\pi f L = 100\pi \approx 314.16(\text{k}\Omega)$$

网络的等效阻抗为

$$Z = R + jX_L \approx (111.1 + j314.16) = 333.1\angle\varphi_z\,(\text{k}\Omega), \quad \varphi_z = \arctan\frac{314.16}{111.1}$$

原单口网络可以等效为一个电感与一个电阻的串联，如图 7.2(b) 所示。

2. 仿真分析

无源单口网络的等效电路可以通过计算得到，也可以通过测试的方法得到，尤其是

"黑匣子"单口用测量的方法最有效。

1）三表仿真法

按照图 7.2（a）画好仿真电路如图 7.3 所示，在单口网络放置激励电源和电压、电流、功率三个虚拟表，虚拟表的读数：电流表为 30.021μA，电压表为 10V，功率表为 97.779μW，功率因数为 0.32961。

电压电流表的读数是交流有效值，利用三个表的读数可以计算端口等效阻抗。

（1）等效阻抗的模：$z = \dfrac{U}{I} \approx 333.1(\text{k}\Omega)$。

（2）端口等效电阻：$R = z\cos\varphi = 333.1 \times 0.32961 \approx 109.8(\text{k}\Omega)$。

（3）等效电抗：$X = z\sin\varphi \approx 314.49\text{k}\Omega$。$X > 0$，所以单口网络等效为电阻与电感的串联，如图 7.2（b）所示。

（4）用复数表示阻抗可以写成：$Z = 333.1\angle\varphi_z = (109.8 + j314.49)(\text{k}\Omega)$。

比较三表测量与理论计算结果相吻合。

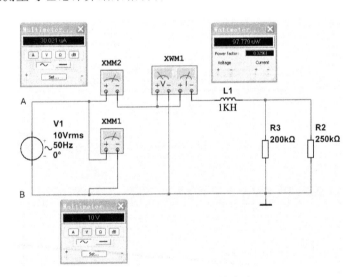

图 7.3　测量等效阻抗的电路

【注意事项】由于测量功率因数值，可以推算出相位，所以以上分析方法是可行的。但是对于初学者，可能不清楚功率因数，也可以选择其他方法。

2）AC 分析法

获得单口网络的等效阻抗其实还有很多方法，例如，可以用 Multisim 的 AC Analysis。在图 7.4 所示电路的节点 5 处增加一个测试探针，在 AC 分析时可以获得电流和电压参数。

置探针：在菜单中选择 Simulate>>Instruments>>Measuring Probe，单击节点 5 的连线放置该探针，如图 7.4 所示。

设置频率：在菜单栏选择 Simulate>>Analysis>>Single Frequency AC Analysis>>进行如下设置：在 Frequency parameters 页，选择频率为 50Hz。分析变量的输出格式可以选择"实部/虚部"或者"幅度/相位"两种表达形式之一，如图 7.5 所示。

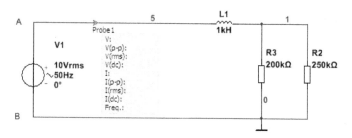

图 7.4 探针仿真分析法

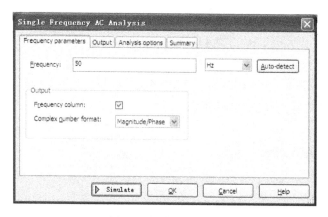

图 7.5 频率参数设置

设置分析变量：在 Output 页，选择 V(Probe1) 和 I(Probe1) 作为分析变量，选择 Simulate，如图 7.6 所示。

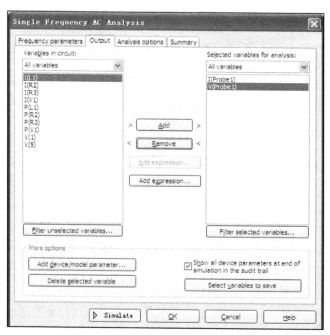

图 7.6 设置分析变量

设置好之后，运行程序，结果如图 7.7 所示。可得电流和电压的幅度与相位，则容易求得等效阻抗。

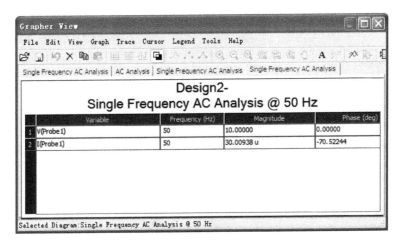

图 7.7　仿真结果

也 可 以 添 加 变 量 ， 在 Output 页 ， 通 过 单 击 Add expression， 补 充 mag(V(Probe1)/I(Probe1)) 及 ph(V(Probe1))-ph(I(Probe1)) 作为分析对象，仿真结果如图 7.8 所示。图中显示阻抗的模为 333.2kΩ，相位为 1.23(弧度)，也就是相位为 70.5°。$Z = 333.23\angle 70.5°\text{k}\Omega$。仿真结果与理论计算及"三表"分析结果相吻合。

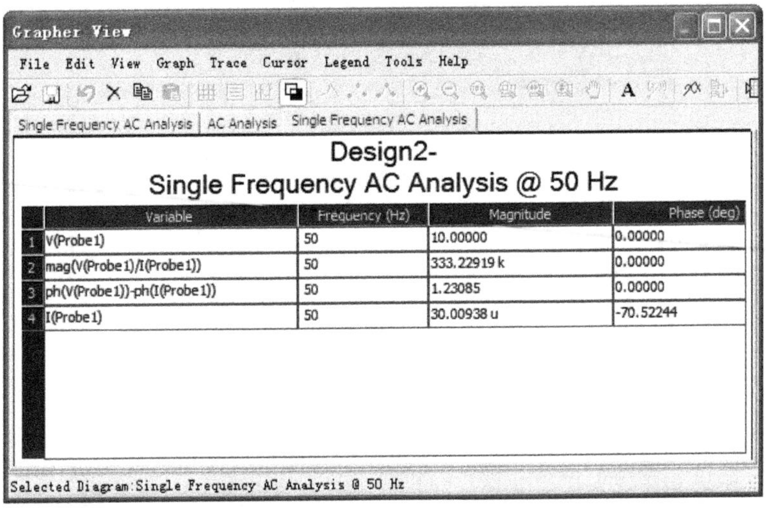

图 7.8　补充的仿真结果

3) 频率扫描分析

以上的仿真分析是在频率 f=50Hz 的条件下。由于阻抗与频率有关，为了分析不同频率下的阻抗，可以选择参数扫描分析或者 AC 分析。扫描频率设置如图 7.9 所示。

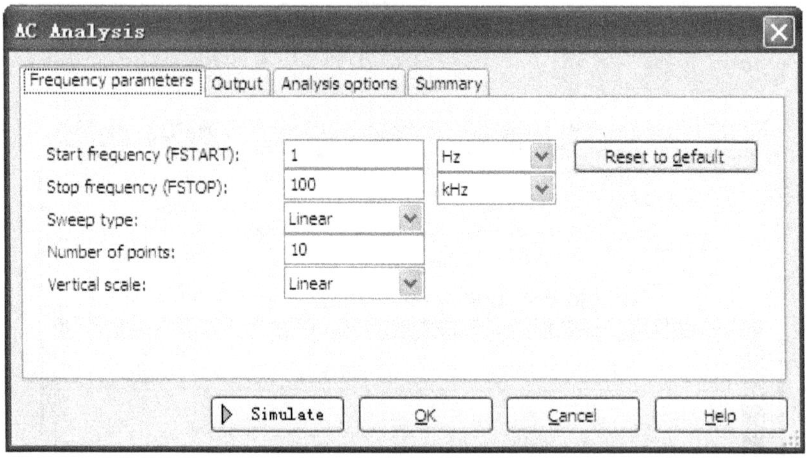

图 7.9　扫描频率设置

　　交流分析可以进行交流频率响应分析，启动 Simulation 菜单中的 Analysis 命令下的 AC Analysis 命令项，弹出如图 7.10 所示的对话框，其中 Frequency parameters 页进行频率参数的设置。

　　设置分析变量：在 Output 页输入 mag(V(Probe1)/I(Probe1)) 及 ph(V(Probe1))-ph(I(Probe1))作为分析对象，如图 7.10 所示。

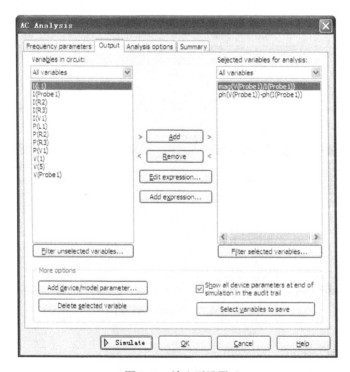

图 7.10　输出页设置

运行仿真程序，仿真结果如图 7.11 所示，给出了不同频率下的等效阻抗的幅度和相位。

由电路理论可知 $Z = R + \mathrm{j}\omega L$ ，阻抗的幅度 $z = \sqrt{R^2 + (\omega L)^2}$ ，阻抗的相位 $\theta = \arctan \dfrac{\omega L}{R}$ ，阻抗幅度、相位均是激励源频率的函数。图 7.11 所示两条曲线直观地显示了阻抗幅度、相位随激励源频率的函数关系。

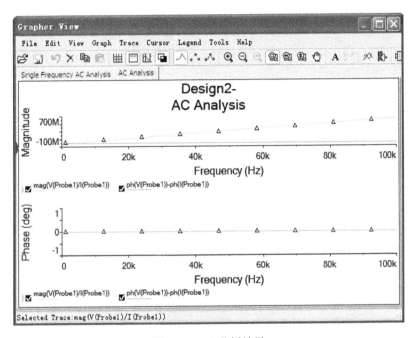

图 7.11　AC 分析结果

7.2　一般电路正弦信号分析

一般电路的正弦稳态分析，其电路仍满足 KCL、KVL、VCR 关系，在正弦稳态条件下，其电压、电流、电路参数均采用相量形式，也称相量模型。用相量法求解电路正弦稳态响应往往需要列出电路的节点方程或者回路(网孔)方程，通过求解方程组来得到各条支路或各个元件电压、电流的相量表达式，也可以应用相应的电路定理来简化分析电路。然后写出相应的电压、电流的瞬时表达式，相量法适合手工分析计算，其内含大量的复数运算。利用现代计算机分析计算，可以更直观和方便。

【**实例 7.2**】如图 7.12 所示，电路工作于正弦稳态，已知电压 $\dot{U}_S = 5\angle -126.9°\mathrm{V}$ ，角频率为 $\omega=10\mathrm{rad/s}$ ，求电感电流、电容电压以及总电流。

1. 理论分析

在正弦稳态电路分析中，一般是先将原电路转化成相量模型，利用 KCL、KVL 和

VCR 列写方程，求解方程得到电路变量的相量表达式，再转换成瞬时表达式。如图 7.12(b) 所示，图中 $Z_1 = R_1 + j\omega L_1$，$Z_1 = jX_{C_1} // jX_{L_2} = \dfrac{j\omega L_2}{1 - \omega^2 C_1 L_2}$，总电流 $\dot{I}_1 = \dfrac{\dot{U}_S}{Z_1 + Z_2}$。再利用分流公式计算电容 C_1 和电感 L_2 支路电流 $\dot{I}_{C_1} = \dfrac{Z_{L_2}\dot{I}_1}{Z_{C_1} + Z_{L_2}}$，$\dot{I}_{L_2} = \dfrac{Z_{C_1}\dot{I}_1}{Z_{C_1} + Z_{L_2}}$，电容电压 $\dot{U}_{C_1} = Z_{C_1}\dot{I}_{C_1}$。

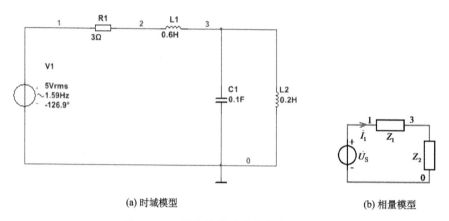

(a) 时域模型　　　　　　　　　　　(b) 相量模型

图 7.12　一般电路的正弦稳态响应分析

2. 仿真分析

按图 7.12(a) 电路画出仿真电路如图 7.13 所示，在三条支路加入 3 个测量探针。选择 Single frequency AC analysis，如图 7.14 所示。

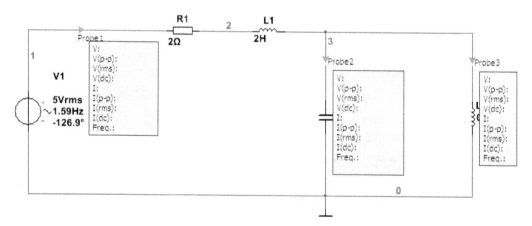

图 7.13　加入三个测量探针的仿真电路

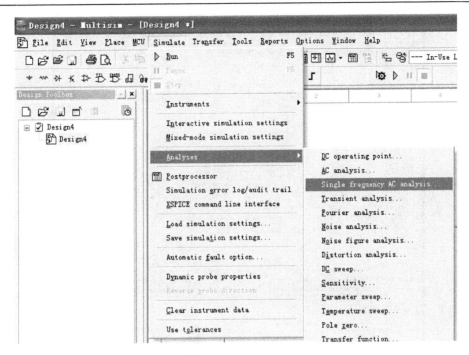

图 7.14　选择 Single frequency AC analysis

设置频率参数，如图 7.15 所示。

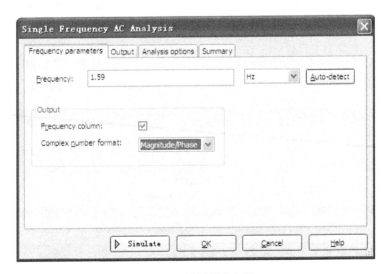

图 7.15　设置频率参数

选择 I(Probe1)、V(Probe2)、I(Probe3)作为仿真输出，如图 7.16 所示。

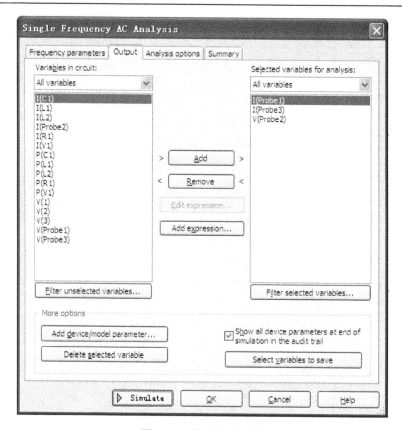

图 7.16　　选择分析变量

　　点击 Simulate，得到仿真结果，如图 7.17 所示。由仿真结果可知，电感电流、电容电压以及总电流。

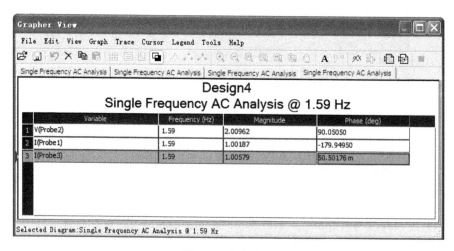

图 7.17　　仿真结果

【注意事项】 使用 Multisim 软件进行计算机仿真设计与虚拟实验，与传统的电子电路设计与实验方法相比，具有如下特点。

(1) 设计与实验可以同步进行，可以边设计边实验，修改调试方便。

(2) 元器件及测试仪器仪表齐全，可以完成各种类型的电路设计与仿真。

(3) 可以方便地对电路参数进行测试与分析。

(4) 可以直接打印输出实验数据、测试参数、原理图等。

(5) 实验元器件种类和数量不受限制，成本低，无实际损耗，速度快，效率高。

7.3　理想变压器及电路匹配

变压器是电路中的一个常用器件，但是理想变压器是数学模型，对于初学者，理想变压器的数学关系比较简单，利用它来分析设计电路是有价值的。其中最大的一个困惑是变压器只能通过交流电，不能通过直流电，这是物理特性所决定的。但是，理想变压器由于仅是数学模型，它只是变比关系，无论什么类型的电信号均认为可以通过。

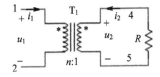

图 7.18　变压器示意图

理想变压器如图 7.18 所示，按图中电压、电流参数方向，理想变压器的 VCR 为

$$\begin{cases} u_1 = nu_2 \\ i_2 = -ni_1 \end{cases}$$

变压器常用于阻抗变换。负载电阻 R 接在变压器次级 4、5 端(图 7.18)，由欧姆定律得

$$u_2 = -Ri_2 \text{，或写成 } R = -\frac{u_2}{i_2}$$

从理想变压器看进去的等效电阻为

$$R_{12} = \frac{u_1}{i_1} = \frac{nu_2}{-\dfrac{i_2}{n}} = n^2\left(-\frac{u_2}{i_2}\right) = n^2 R$$

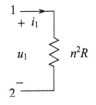

图 7.19　等效阻抗

电阻 R 经过理想变压器进行变换之后等效为阻值为 n^2R 的电阻。在工程应用中，根据需要，只要改变变压器的变比(匝数比)即可随意调整电阻 R 的等效值，从而使电路实现电阻的匹配，如图 7.19 所示。

匹配问题是电路分析中常会遇到的问题。常见的有关匹配的问题包括最大功率匹配、传输线匹配、共轭匹配、变压器匹配以及双频信号的匹配等。在分析这些电路匹配问题时，可以采用理论推导，配合计算机仿真的方法加深对电路的理解。

在最大功率传输定理学习中，我们知道，负载电阻等于电源(或者信号源)内阻时，负载能够从电源获得最大功率。在实际情况中，源的内阻是无法更改的，它是一个等效电阻，而实际的负载也是无法更改的，因为很多负载也是一个固定的等效电阻。能够选择的解决方案就是在源和负载之间，加入一个匹配电路(或者匹配网络)，从而实现输出电阻和负载匹配为最佳状态。以下通过具体实例来讨论。

【实例 7.3】 图 7.20 所示的电路中，T_1 是理想变压器，匝数比为 2:1。R_4 为一个滑动变阻器。R_2 的阻值为 3Ω，R_3 的阻值为 4Ω。R_4 变为多大时，R_2、R_3 和 R_4 上获得的总功率最大，最大功率是多少？

1. 理论分析

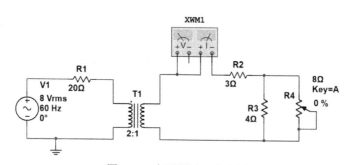

图 7.20　变压器匹配电路图

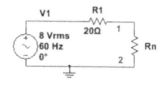

图 7.21　戴维宁等效电路图

根据理想变压器的阻抗变换特性可以得到图 7.21 所示简化电路模型，即图 7.20 的戴维宁等效电路图。由最大功率传输定理可知：只要满足 $R_1 = R_n$，变压器的副边（次级）获得功率最大。R_n 是变压器初级看进去的等效电阻：$R_n = n^2(R_2 + R_3 // R_4)$，此时 $R_4 = 4\Omega$。

理论证明如下。

(1) 变压器初级断开，左边是一个电压源与一个电阻的串联，这就是戴维宁等效模型。如图 7.21 中的 V_1 和 R_1。

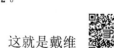

实例 7.3

(2) 求出负载的等效阻抗，从变压器初级断开往右看等效成一个电阻，由理想变压器的变阻抗关系可得

$$R_n = n^2 \cdot \left(\frac{R_4 \cdot R_3}{R_4 + R_3} + R_2 \right) = 12 + \frac{16R_4}{R_4 + 4} (\Omega)$$

式中，n 表示匝数比。

图 7.21 所示电路，根据最大功率传输定理可知，只有 $R_1 = R_n$，R_n 获得最大功率，代入相关参数可以计算此时 $R_4 = 4\Omega$。负载 R_n 获得的最大功率为

$$P_{\max} = \frac{V_1^2}{4R_1} = 800\text{mW}$$

2. 仿真分析

用 Multisim 仿真，验证理论推导的正确性。打开 Multisim 界面之后，在元器件库中选择电压源、电阻、理想变压器和滑动变阻器，并按照图 7.20 所示的电路图连接仿真电路。确认连接正确之后，将滑动变阻器的阻值调整为 4Ω，双击功率表。功率表的示数参考图 7.22。调整接入电阻为 100%时的结果如图 7.23 所示，接入电阻为 0%时的结果如

图 7.24 所示。

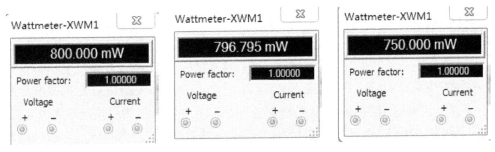

图 7.22　R_4 为 4Ω 时的功率　　　图 7.23　R_4 为 8Ω 时的功率　　　图 7.24　R_4 为 0Ω 时的功率

　　比较仿真结果，只有 R_4 为 4Ω 时，获得最大功率为 800mW，R_4 变大、变小获得的功率都小于 800mW，验证了变压器匹配，实现最大功率参数的理论分析结论。

　　【注意事项】在正弦交流电路中，负载一般不是纯电阻，而是阻抗。变压器的阻抗变换特性与推导一样，即理想变压器可以将复数阻抗 Z 变换为 $n^2 Z$，根据电路参数，灵活设计理想变压器的匝数比。但是，对于阻抗负载，在正弦稳态交流时，最大平均功率传输定理应为共轭匹配，即负载阻抗的实部与内阻抗的实部相等，负载阻抗的虚部与内阻抗的虚部相反，可表达为：$Z_L = Z_o^*$。

　　【实例7.4】利用 Multisim 也可以进行简单的传输线仿真。当传输线匹配时，$Z_0 = Z_L$，$Z_{in} = Z_0$，且 Z_{in} 的大小不会随着 β_l（传输线的长度）的改变而发生变化。利用 Multisim 仿真来验证这一结论。

　　在工程应用中，为了简化分析计算，并推广应用，常选择标准规格，图 7.25 所示电路就是 Multisim 中自带的无耗传输线（LOSSLESS_LINE_TYPE2）。工程标准设计其传输特性的阻抗为 50Ω，在 Multisim 库元器件中存在，如图 7.25 所示的传输线。双击 Multisim 中的传输线图标可以得到图 7.26 所示传输线元件参数。

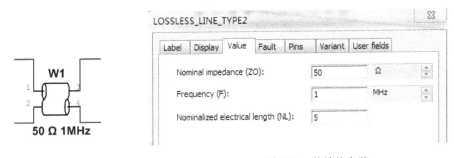

图 7.25　传输线示意图　　　　　　　　　图 7.26　传输线参数

　　下面将简单介绍一下传输线的性质，通过微波的知识可以知道传输线的输出阻抗，如

$$Z_{in} = Z_0 \frac{Z_L + jZ_0 \tan \beta_l}{Z_0 + jZ_L \tan \beta_l} \tag{7.1}$$

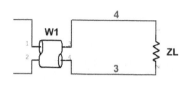

图 7.27　传输线和负载

式中，Z_0 为传输线特性阻抗，即图 7.26 中的 Nominal impedance；β_l 为电长度，即图 7.26 中的 Nominalized electrical length；Z_{in} 为图 7.27 所示电路的输出阻抗；Z_L 为负载阻抗。

当传输线匹配时，$Z_0 = Z_L$，从式(7.1)中很容易导出：$Z_{in} = Z_0$，且 Z_{in} 的大小不会随着 β_l 的改变而发生变化。下面就将利用 Multisim 仿真来验证这一结论。首先按照图 7.28 所示连接仿真电路，图中的 XWM1 为瓦特表，Z_0 为无耗传输线，信号源的有效电压为 10V，Z_L 为 50Ω 的负载。确认电路连接无误之后，运行软件，并观察功率表示数。

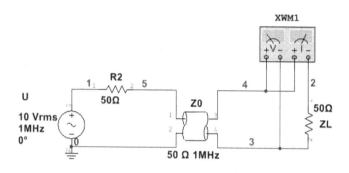

图 7.28　传输线匹配仿真电路图

理论上，当满足匹配条件时，Z_L 上消耗的功率为

$$P = \frac{U^2}{4Z_L} = 500(\text{mW})$$

仿真结果见图 7.29(a)，改变传输线的电长度之后，理论上功率应当不变，功率表的示数参考图 7.29(b)。

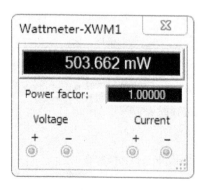

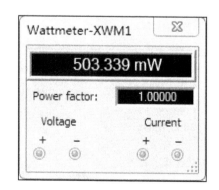

(a)匹配时功率表示数　　　　　　　　　　　(b)改变电长度后的功率表示数

图 7.29　传输线匹配仿真

将 Z_L 的阻值调整为100Ω，这时不满足匹配条件，当电长度为 0.25 时，功率表示数参考图 7.30(a)；当电长度为 3 时，功率表示数参考图 7.30(b)。

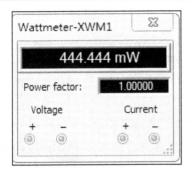 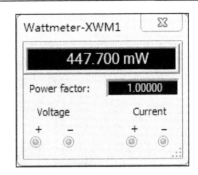

(a)电长度为 0.25 时的功率　　　　　　　　　(b)电长度为 3 时的功率

图 7.30　电路不匹配时输出功率随导线长度变化

结论：比较图 7.29 的功率表示数，可见，当传输线不匹配时，输出功率随传输线电长度而变化。

多种不同频率的正弦信号激励下，单口网络所吸收的平均功率等于每个频率的正弦信号单独引起的平均功率之和，即

$$P = P_1 + P_2 + P_3 + \cdots + P_n$$

关于这部分内容，对于初学者可能比较难一点。其知识将在后续课程学习，在此我们先借助计算分析之。在电子通信工程中，使用的信号很多都是非单一的正弦信号，一般会包含很多的频率成分。可以利用功率谱来表达。

对于双频，或者少数几种稳定的正弦信号，为了对每种频率成分都能输出最大功率，就要求所设计的匹配网络对每个频率成分都满足匹配(共轭匹配)。

【实例 7.5】图 7.31 所示的电路，实现对两种频率的匹配。

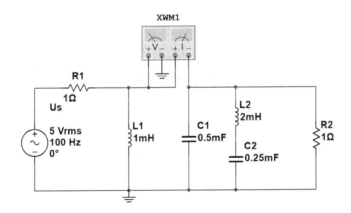

图 7.31　双频信号匹配电路图

具体如下：选择 U_s 的有效值为 5V、角频率分别为 $\omega_1 = 1000\text{rad/s}$ 和 $\omega_2 = 2000\text{rad/s}$。如图 7.32 单口网络 R_1 和 L_1 在不同频率下的等效阻抗分别为 $Z'_{eq} = (0.5 + j0.5)\Omega$ 和 $Z''_{eq} = (0.8 + j0.4)\Omega$。

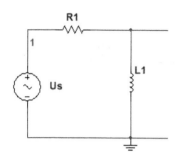

图 7.32　单口网络示意图

1. 分析计算

在双频激励下的匹配问题，需要设计一个匹配网络对两种频率成分都实现匹配。由最大功率传输定理可知，当负载阻抗

$$Z_L' = (0.5 - j0.5)\Omega , \quad Z_L'' = (0.8 - j0.4)\Omega$$

时，电路满足共轭匹配条件，图 7.31 所示的电路就可以实现这个双频匹配的功能。如图 7.33 所示，端口看进去的等效阻抗在不同频率下的值为

（1）$\omega = 1000\text{rad/s}$ 时，负载阻抗

$$Z_L' = \cfrac{1}{1 + j0.5 + \cfrac{1}{j2 - j4}} = (0.5 - j0.5)\Omega$$

（2）$\omega = 2000\text{rad/s}$，负载阻抗

$$Z_L'' = \cfrac{1}{1 + j1 + \cfrac{1}{j4 - j2}} = (0.8 - j0.4)\Omega$$

理论上来说，图 7.33 所示的电路可以满足在双频激励下的匹配需要。对于设定的两个频率，各自满足共轭匹配条件。下面利用 Multisim 对该电路进行仿真分析，验证结果。

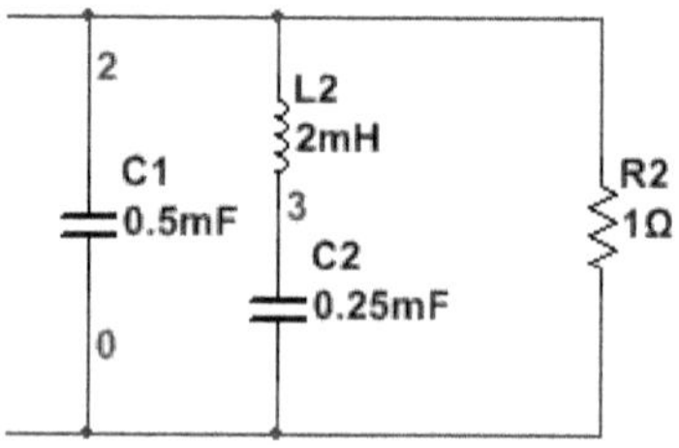

2. 仿真分析

首先参考图 7.31 连接仿真电路，在确认连接无误之后，分别将电源的频率设为 159.15Hz、318.31Hz 和

图 7.33　匹配网络示意图

100Hz。说明一下，角频率与频率是一个 2π 的关系，即 $\omega = 2\pi f$，159.15Hz 对应 1000rad 的角频率；318.31Hz 对应 2000rad 的角频率。100Hz 是随意选择一个作为对比。运行仿真软件得到的输出结果，参考图 7.34、图 7.35 和图 7.36。

当电路满足最大功率输出条件时，输出功率为

$$P = \frac{U^2}{4R} = \frac{25}{4} = 6.25(\text{W})$$

仿真结果和理论推导相吻合，验证了电路可以满足对双频信号的匹配。可以查看图 7.34、图 7.35 所示功率表读数。当信号频率为 159.15Hz 时，$Z_L' = (0.5 - j0.5)\Omega$，功率因数为 0.707。信号频率为 318.3Hz 时，$Z_L'' = (0.8 - j0.4)\Omega$，功率因数为 0.894，输出功率都为 6.250W。

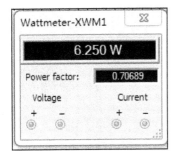 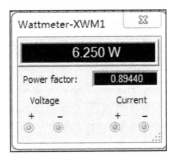 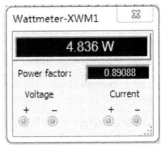

图 7.34 频率为 159.15Hz 的功率　　图 7.35 频率为 318.31Hz 的功率　　图 7.36 频率为 100Hz 的功率

当信号的频率为 100Hz 时，输出结果为 4.836W，此时电路不满足匹配条件，输出功率小于匹配时的功率，未达到最大功率。

7.4　耦合电感电路

耦合电感是从实际耦合线圈抽象出来的理想化电路模型，是一种线性非时变双口元件，它由 L_1、L_2 和 M 三个参数来表征。耦合电感的电压电流关系是微分关系，与端口电压、电流和两线圈的同名端有关，它是一种动态电路元件。按图 7.37(a) 所示耦合电感模型中选定的电压、电流参考方向，根据法拉第电磁感应定律，端口的伏安关系应为

$$u_1 = L_1 \frac{\mathrm{d}i_1}{\mathrm{d}t} + M \frac{\mathrm{d}i_2}{\mathrm{d}t}$$

$$u_2 = L_2 \frac{\mathrm{d}i_2}{\mathrm{d}t} + M \frac{\mathrm{d}i_1}{\mathrm{d}t}$$

正弦激励下的稳态分析，采用图 7.37(b) 所示相量模型，其伏安关系为

$$\dot{U}_1 = \mathrm{j}\omega L_1 \dot{I}_1 + \mathrm{j}\omega M \dot{I}_2$$

$$\dot{U}_2 = \mathrm{j}\omega L_2 \dot{I}_2 + \mathrm{j}\omega M \dot{I}_1$$

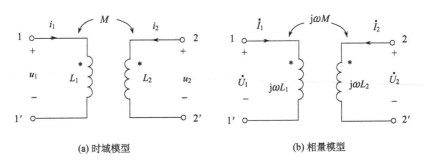

(a) 时域模型　　　　　　　　　　　(b) 相量模型

图 7.37　耦合电感模型

以下将结合仿真讨论有关耦合电感电路的分析与重要参数的测定方法。

含有耦合电感电路的分析是电路分析的基本并十分重要的任务，常见的方法如下。

(1) 直接列写方程：在分析含有耦合电感的电路时，无须对电路做任何变化，直接利

用 KCL、KVL 和耦合电感元件的伏安关系，列写电路方程进行分析求解。含有耦合电感的电路与一般电路相比，列写方程时，必须考虑其互感电压，并注意其极性。互感电压的极性由端口电流的方向和两线圈的同名端共同决定。

（2）受控源替代法：用受控源替代互感电压，去除线圈间的耦合，这与直接列写方程的效果相同。这种方法实际上是将互感电压明确地画到电路中。

（3）去耦法（互感消去法）：根据电路结构和互感的相互作用形式，用三个独立电感替代原先有耦合关系的两个电感，做去耦等效，使电路变成普通的电感电路分析，可以按常规电路分析求解。

【**实例 7.6**】计算图 7.38 所示电路各支路电流。注意，这里以正弦稳态电路的相量模型为例讲解含耦合电感电路的分析计算方法。

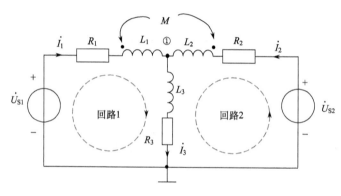

图 7.38　直接方程法分析

1. 理论分析

方法一：利用耦合电感的伏安关系分析。

对于节点①，由 KCL 得

$$\dot{I}_3 = \dot{I}_1 + \dot{I}_2$$

对于回路 1，由 KVL 得

$$R_1\dot{I}_1 + j\omega L_1\dot{I}_1 + j\omega L_3\dot{I}_3 + R_3\dot{I}_3 + j\omega M\dot{I}_2 = \dot{U}_{S1}$$

对于回路 2，由 KVL 得

$$R_2\dot{I}_2 + j\omega L_2\dot{I}_2 + j\omega L_3\dot{I}_3 + R_3\dot{I}_3 + j\omega M\dot{I}_1 = \dot{U}_{S2}$$

式中，$j\omega M\dot{I}_1$ 和 $j\omega M\dot{I}_2$ 是反映 L_1 和 L_2 两线圈耦合关系的互感电压项，重点是确定这两项的"正"、"负"。$j\omega M\dot{I}_2$ 表示电流 $\dot{I}_2$ 在电感 L_1 两端产生的互感电压，电流 $\dot{I}_2$ 是从 L_2 打点的端流进，所以 $j\omega M\dot{I}_2$ 电压极性在 L_1 的打点端为"正"，同理，可以确定 $j\omega M\dot{I}_1$ 的极性。联立以上各式，可求得各支路电流。

方法二：利用受控源模型去耦等效简化分析。

耦合电感的伏安关系：$\dot{U}_1 = j\omega L_1\dot{I}_1 + j\omega M\dot{I}_2$，$\dot{U}_2 = j\omega L_2\dot{I}_2 + j\omega M\dot{I}_1$，将式中第二项看成电流控制的电压源(CCVS)，等效电路如图 7.39 所示，利用受控源模型去耦等效简

化耦合电感，对等效电路列写方程如下。

对于节点①，由 KCL 得

$$\dot{I}_3 = \dot{I}_1 + \dot{I}_2$$

对于回路 1，由 KVL 得

$$R_1\dot{I}_1 + j\omega L_1\dot{I}_1 + j\omega L_3\dot{I}_3 + R_3\dot{I}_3 = \dot{U}_{S1} - j\omega M\dot{I}_2$$

对于回路 2，由 KVL 得

$$R_2\dot{I}_2 + j\omega L_2\dot{I}_2 + j\omega L_3\dot{I}_3 + R_3\dot{I}_3 = \dot{U}_{S2} - j\omega M\dot{I}_1$$

联立各式可求得各支路电流。

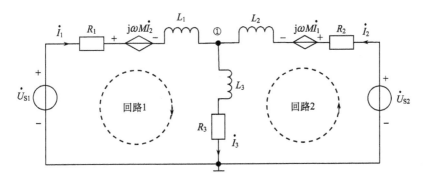

图 7.39 受控源模型等效去耦简化分析法

方法三：利用三端 T 形等效模型去耦简化分析。

如图 7.40 所示，T 形连接的耦合电感，可以证明，能简化为三个独立的 T 形连接的电感。图 7.40(b)是公共点为同名端相连的等效电感。图 7.40(d)是公共点为异名端相连的等效电感。例题的电感是公共点为同名端相连，电路简化后如图 7.41 所示，对其列写方程。

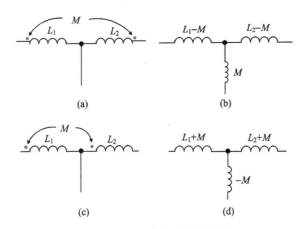

图 7.40 T 形连接的去耦等效

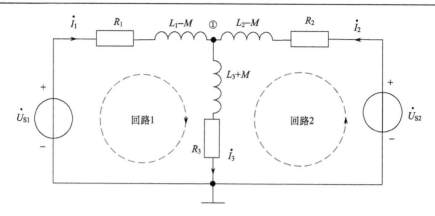

图 7.41　T 等效简化去耦分析法

对于节点①，由 KCL 得

$$\dot{I}_3 = \dot{I}_1 + \dot{I}_2$$

对于回路 1，由 KVL 得

$$R_1\dot{I}_1 + j\omega(L_1 - M)\dot{I}_1 + j\omega(L_3 + M)\dot{I}_3 + R_3\dot{I}_3 = \dot{U}_{S1}$$

对于回路 2，由 KVL 得

$$R_2\dot{I}_2 + j\omega(L_2 - M)\dot{I}_2 + j\omega(L_3 + M)\dot{I}_3 + R_3\dot{I}_3 = \dot{U}_{S2}$$

联立求解可得各支路电流。

2. 仿真分析

利用 Multisim12 对上述分析进行仿真，给定信号源 $\dot{U}_{S1} = 120\angle 0°\text{V}$，$\dot{U}_{S2} = 24\angle 15°\text{V}$，60Hz 的正弦交流电，电阻 R_1、R_2、R_3 的阻值分别为 20Ω、15Ω、2.5Ω，耦合电感 L_1 和 L_2 的电感分别为 80mH 和 20mH，电感 L_3 为 8mH，互感系数 M=10mH。T_1 的 1、3 端为同名端。求三条支路电流 i_1、i_2 和 i_3。将所给定的参数代入上述方程中，求解得出的三个电流分别为

$$\dot{I}_1 = 19.61359\angle -69.82415°\,\text{mA}$$

$$\dot{I}_2 = 41.99037\angle -31.08974°\,\text{mA}$$

$$\dot{I}_3 = 58.58978\angle -43.18068°\,\text{mA}$$

表示成时域函数为

$$i_1 = 27.74\cos(120\pi t - 69.8°)\,\text{mA}$$

$$i_2 = 59.38\cos(120\pi t - 31.1°)\,\text{mA}$$

$$i_3 = 82.86\cos(120\pi t - 43.18°)\,\text{mA}$$

用直接方程法分析的仿真电路如图 7.42 所示。

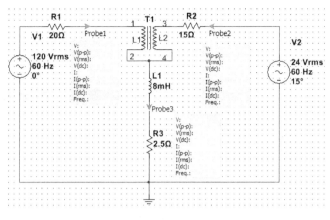

(a)仿真电路图

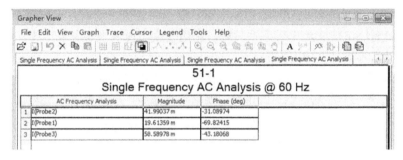

(b)采用探针测得的三支路电流

图 7.42 采用直接方程法分析

如图 7.43 所示，电路是利用 T 形去耦等效的仿真电路。得到与前面一致的结果，且仿真电路更加简洁。

结论：对比各种方法的理论分析与仿真结果，可以看出是完全相吻合的。无论哪种方法，采用计算机分析都很快捷，所以通过学习和练习，希望学生掌握计算机分析方法，更加有利于工程应用。

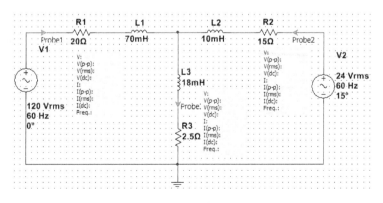

(a)仿真电路图

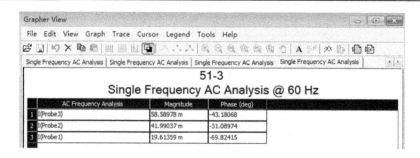

(b)利用三探针测得的电流值

图 7.43　三端 T 形等效模型去耦分析

训　练　题

1. 分析一个简单交流电(单频)传输电路。学会用交流表观察各点电压。

2. 分析一个 50Hz 交流电带感性负载,利用交流电压表观察各点电压,利用分析说明测量值为什么不满足 KVL 定律。

3. 分析仿真一个含耦合电感的电路。理解说明在仿真时为什么需要设一个公共地?

4. 分析仿真一个含耦合电感的电路,调整耦合系数,观察电路初级与次级之间的能量传输情况。分析说明之。

5. 设计一个验证戴维宁等效定理电路实验。

第8章　滤波器电路分析

本章主要介绍 RC 和 RLC 无源滤波器、简单有源滤波器，主要让学生熟悉频率响应，学会利用仿真中的频率分析仪等虚拟仪器。

滤波器是电子电路中的重要单元电路。可以将信号中不需要的频率分量滤除，不仅选择需要的频率信号，还能够降低干扰信号的影响。针对滤波器的分析，理论分析一般写出电路网络的传输函数，定性分析幅频特性和相频特性。实验中通常是测量、计算采样的频率点所对应的响应，描画出网络函数随频率变化曲线，即滤波器的频率响应。由此可以看出，当所关心的频率范围较宽、频率点较多时，手动计算或者测量将花费大量时间，而利用计算机软件分析，可以在宽频带范围内快速地完成对滤波器频率响应特性的分析，并画出幅频、相频特性曲线，直观反映滤波器频响特性。

8.1　无源 RC 滤波器

RC 无源滤波器是一种简单常用的滤波器。以下通过实例进行讨论。

【实例 8.1】如图 8.1 所示，一阶 RC 低通滤波器由电阻和电容组成，其中，输入电压为 $\dot{U}_1$，输出电压（电容两端电压）为 $\dot{U}_2$，网络函数则为 $\dot{U}_2 / \dot{U}_1$。

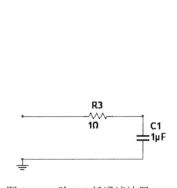
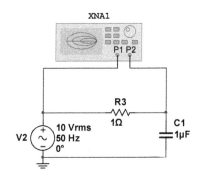

图 8.1　一阶 RC 低通滤波器　　　图 8.2　分析软件界面的一阶 RC 低通滤波器

1. 理论分析

定性分析，当输入信号频率很低（如直流）时，电容容抗趋于无穷大，相当于开路，所以有 $\dot{U}_2 = \dot{U}_1$；当频率升高时，电容的容抗随之减小，则由串联分压公式可知，$\dot{U}_2$ 的幅度随之减小；如果输入信号频率很高，则电容容抗趋于零相当于短路，输出电压 $\dot{U}_2 = 0$；因此，整个电路是频率越低，输出电压幅度越大，呈现低通特性。分析软件界面的一阶 RC 低通滤波器如图 8.2 所示。

如图 8.3(a)、图 8.3(b) 所示电路，一阶 RC 电路的传输函数为

$$H(\mathrm{j}\omega) = \frac{\dot{U}_2}{\dot{U}_1} = \frac{\dfrac{1}{\mathrm{j}\omega C}}{R + \dfrac{1}{\mathrm{j}\omega C}} = \frac{1}{1 + \mathrm{j}\omega RC} = \frac{1}{1 + \mathrm{j}\dfrac{\omega}{\omega_{\mathrm{c}}}} = |H(\mathrm{j}\omega)| \angle \theta(\omega)$$

式中，$\omega_{\mathrm{c}} = \dfrac{1}{RC}$，称为滤波器的转折角频率。

$$|H(\mathrm{j}\omega)| = \frac{1}{\sqrt{1 + \left(\dfrac{\omega}{\omega_{\mathrm{c}}}\right)^2}}$$

反映了滤波器电压传输函数的幅度随频率的变化特性，简称幅频特性。

$$\theta(\omega) = -\arctan\frac{\omega}{\omega_{\mathrm{c}}}$$

反映了滤波器输出、输入电压相位差随频率的变化特性，简称相频特性。图 8.3(c)、图 8.3(d) 所示曲线是一阶 RC 电路的幅频和相频特性曲线。

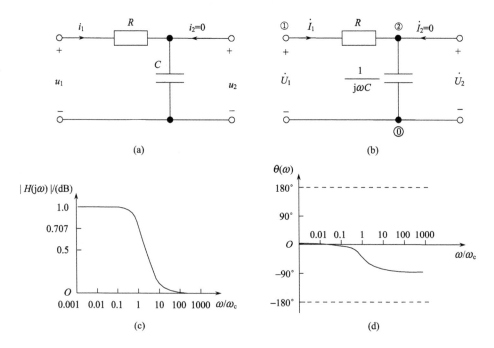

图 8.3 一阶 RC 电路及其幅频和相频特性

电子和通信工程中所使用的信号的频率范围很大 ($10^2 \sim 10^{10}$Hz)，为了表示频率在极大范围内变化时电路特性的变化，常用对数坐标来画幅频和相频特性曲线，常用 $20\lg|H(\mathrm{j}\omega)|$ 和 $\theta(\omega)$ 相对于对数频率的特性曲线，这种曲线称为波特图。横坐标采用相对频率 $\omega/\omega_{\mathrm{c}}$，纵坐标采用分贝 (dB) 为单位。表 8.1 所示为比值 $\omega/\omega_{\mathrm{c}}$ 与分贝数的关系。

表 8.1 比值 ω / ω_c 与分贝数的关系

ω / ω_c	0.01	0.1	0.707	1	2	10	100	1000
$20\lg|H(\mathrm{j}\omega)|$	−40	−20	−3.0	0	6.0	20	40	60

采用对数坐标画幅频特性曲线的另一个优点是可以用折线来近似。

一阶 RC 滤波器电压传输函数幅度的对数为

$$20\lg|H(\mathrm{j}\omega)|=-10\lg\left[1+\left(\frac{\omega}{\omega_c}\right)^2\right]$$

当 $\omega<\omega_c$ 时，$20\lg|H(\mathrm{j}\omega)|\approx 0$，是平行于水平坐标的直线。

当 $\omega\gg\omega_c$ 时，$20\lg|H(\mathrm{j}\omega)|\approx-20\lg\left(\dfrac{\omega}{\omega_c}\right)=-20\lg\omega+20\lg\omega_c$，是斜率与−20dB/十倍频成比例的一条直线，这个值也反映了滤波器对带外信号的衰减速度，是滤波器的重要参数。两条直线的交点坐标为(1，0dB)。

当 $\omega=\omega_c$ 时，$20\lg|H(\mathrm{j}\omega)|=-3\mathrm{dB}$，相移为−45°。常用幅度从最大值下降 3dB 对应的频率定义滤波电路的通频带宽(简称带宽)。对低通滤波器，在工程中习惯认为，当输入信号频率低于 $f_c(\omega_c=2\pi f_c)$ 时，它可以无衰减地通过，当信号频率高于 f_c 时被衰减掉，其信号不会再输出。f_c 称为滤波器的转折频率，0~f_c 称为滤波器的通频带。

根据图 8.1 所示电路元件参数可以计算出电路的转折频率为

$$f_c=\frac{1}{2\pi RC}=\frac{1}{2\pi\times 1\times 10^{-6}}=159(\mathrm{kHz})$$

相移为

$$\theta(\omega_c)=-45°$$

滤波器的通频带为 0~159kHz。

下面借助仿真软件进行分析，观察输入、输出的幅度比和相位差随信号频率的变化情况。

2. 仿真分析

打开 Multisim 的界面，从库文件中，选择电阻、电容、正弦波电压源、地和网络分析仪测试设备，在分析软件界面按图 8.2 连接，画出 RC 低通滤波器的原理图，并给电压源、电阻、电容赋值(必要时可修改参数)。

检查电路确保正确后，运行软件，得到仿真结果。双击网络分析仪图标，可同时显示网络函数的幅度和相位随频率变化的情况。按图 8.4 所示对测试模式和参数进行选择，然后单击"Scale"对显示刻度进行设置(图 8.5)，可得相应曲线。

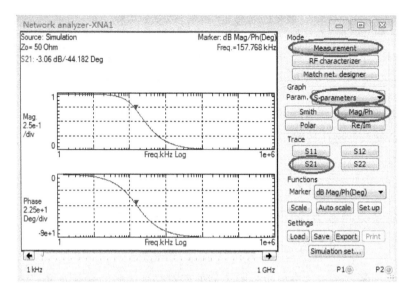

图 8.4　一阶 RC 低通滤波器幅频、相频特性仿真结果

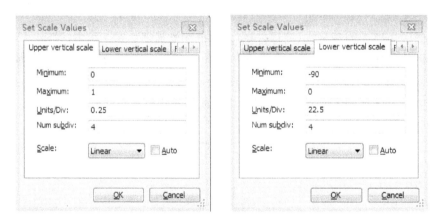

图 8.5　一阶 RC 低通滤波器仿真"Scale"设置

　　结论：由图 8.4 所示仿真结果可知，对于无源滤波器，其网络函数的幅度总是小于等于 1 的，且一阶 RC 低通滤波器，相移范围为 0 ～ –90°。–3.06dB 处转折频率 f_c =157.768kHz；输出对输入电压相移为–44.182°(输出电压滞后输入电压)；还有一个参数是反映滤波器随频率增加衰减快慢的物理量 20dB/十倍频程。对比仿真结果与理论分析一致。

　　【实例 8.2】将两个一阶 RC 低通滤波器级联起来，可以组成二阶 RC 低通滤波器，如图 8.6 所示。

1. 理论分析

二阶 RC 低通电路模型如图 8.7 所示，先将时域电路转换为相量模型，利用节点分

析法分析。先列写节点电压方程

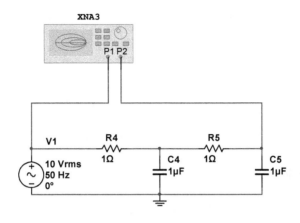

图 8.6　分析软件界面的二阶 RC 低通滤波器

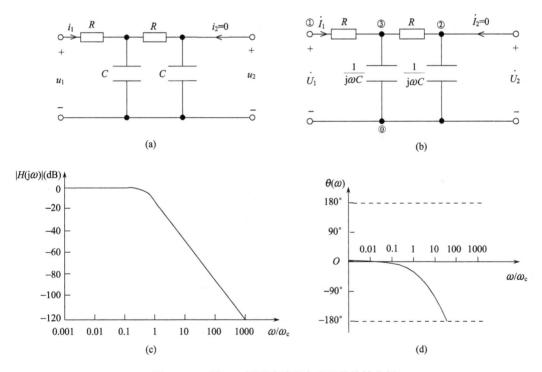

图 8.7　二阶 RC 低通滤波器电路及其特性分析

节点③

$$\left(\frac{2}{R}+\mathrm{j}\omega C\right)\dot U_3-\frac{1}{R}\dot U_2=\frac{1}{R}\dot U_1$$

节点②

$$\left(\frac{1}{R}+\mathrm{j}\omega C\right)\dot U_2-\frac{1}{R}\dot U_3=0$$

消去 $\dot{U}_3$ 求得

$$H(j\omega) = \frac{\dot{U}_2}{\dot{U}_1} = \frac{1}{1 - \omega^2 R^2 C^2 + j3\omega RC} = |H(j\omega)| \angle \theta(\omega)$$

式中，$|H(j\omega)| = \dfrac{1}{\sqrt{(1 - \omega^2 R^2 C^2)^2 + 9\omega^2 R^2 C^2}}$；$\theta(\omega) = -\arctan\left(\dfrac{3\omega RC}{1 - \omega^2 R^2 C^2}\right)$。

令 $|H(j\omega)| = \dfrac{1}{\sqrt{2}} \Rightarrow (1 - (\omega_c')^2 R^2 C^2)^2 + 9(\omega_c')^2 R^2 C^2 = 2$，得 $\omega_c = \dfrac{1}{2.6724 RC}$。二阶 RC 低通滤波器的幅频和相频特性曲线如图 8.7(c)、图 8.7(d) 所示。

如果采用对数坐标画幅频特性曲线，则 $20\lg|H(j\omega)| = -10\lg\left[\left(1 - \dfrac{\omega^2}{\omega_c^2}\right)^2 + \left(\dfrac{3\omega}{\omega_c}\right)^2\right]$。当 $\omega < \omega_c$ 时，$20\lg|H(j\omega)| \approx 0$，是平行于水平坐标的直线。当 $\omega \gg \omega_c$ 时，$20\lg|H(j\omega)| \approx 40\lg\left(\dfrac{\omega}{\omega_c}\right)$，是斜率与 -40dB/十倍频成比例的一条直线，它反映了滤波器对带外信号的衰减速度，是一阶 RC 滤波器的两倍。两条直线的交点坐标为 (1, 0dB)。式中，$\omega_c = \dfrac{1}{RC}$。

按图 8.6 中元件参数有 $f_{c'} = \dfrac{159k}{2.6724} = 59.5(\text{kHz})$；当 $\omega = \omega_c'$ 时，相移 $\theta(\omega_c') = -52.55°$；电路的带宽为 0～59.56kHz；电路衰减速率为 -40dB/十倍频程。

2. 仿真分析

打开 Multisim 的界面，从库文件中，选择电阻、电容、正弦波电压源、地、网络分析仪 5 个元器件和测试设备，在分析软件界面按图 8.6 连接，画出二阶 RC 低通滤波器的原理图，并给电压源、电阻、电容赋值 (必要时可修改参数)，参考图 8.4、图 8.5 对仪表进行设置。

检查电路确保正确后，运行软件，得到仿真结果。双击网络分析仪图标，可同时显示网络函数的幅度和相位随频率变化的情况，如图 8.8 所示。

结论：网络函数的幅度小于等于 1，且二阶 RC 低通滤波器，相移范围为 0～-180°。转折频率 $f_{c'} = 56.556\text{kHz}$；幅度衰减 -2.981dB 处输出对输入电压相移为 -49.588° (输出电压滞后输入电压)；二阶 RC 滤波器衰减速率为 40dB/十倍频程。对比仿真结果与理论分析 (考虑参数和测量误差) 是一致的。

对比图 8.2 与图 8.6 可以看出，增加滤波器的阶数，二阶 RC 滤波器对通带外信号的抑制能力更强，滤波效果更好，通带变窄，相移范围更大 (即 0～-180°)。

接下来，我们可以在时域考查二阶 RC 滤波器的工作效果，在上述滤波器仿真电路图 8.6 的基础上进行修改，去掉正弦电压源和网络分析仪，在输入端接上函数发生器，并选择泰克公司的示波器，将其通道 1 接在输入端，通道 2 接在输出端，如图 8.9 所示。其中，函数发生器设置如图 8.10 所示。

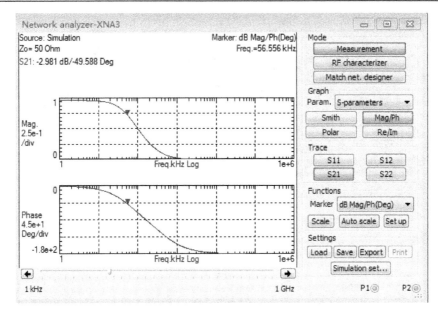

图 8.8 二阶 RC 低通滤波器幅频、相频特性仿真结果

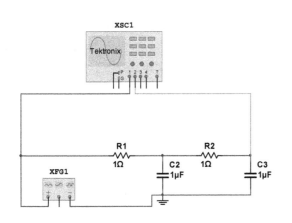

图 8.9 分析软件界面的二阶 RC 低通滤波器(时域)

图 8.10 函数发生器的参数设置

　　选择虚拟的泰克示波器,软件界面的虚拟示波器面板布局、按钮、旋钮功能和意义与真实的示波器是完全一样的,调节输入输出通道的水平坐标和垂直坐标,显示出输入输出通道的波形如图 8.11 所示。其中,三角波为输入波形,而正弦波为输出波形,这是由于三角波中含有丰富的频率分量,而经过低通滤波电路后,其高阶频率分量被滤除,只留下基波分量,所以输出波形为正弦波,正弦波的频率与三角波的频率一致。

　　【实例 8.3】如图 8.12 所示,一阶 RL 高通滤波器由电阻和电感组成,其中,输入电压为 $\dot{U}_1$,输出电压(电感两端电压)为 $\dot{U}_2$,网络函数则为 $\dot{U}_2 / \dot{U}_1$。

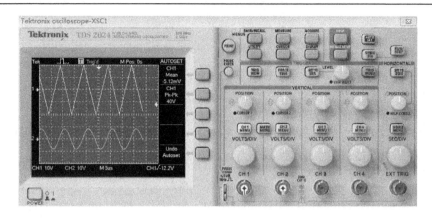

图 8.11　示波器所示输入输出波形

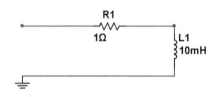

图 8.12　分析软件界面的
一阶 RL 高通滤波器

1. 理论分析

定性分析，当输入信号频率很低（如直流）时，电感阻抗为 0，相当于短路，因此有 $\dot{U}_2 = 0$；当频率升高时，电感的感抗随之升高，由串联分压公式可知，$\dot{U}_2$ 的幅度随之增大；如果输入信号频率很高，则电感的感抗为无穷大，相当于断路，输出电压 $\dot{U}_2 \approx \dot{U}_1$；因此，整个电路频率越高，输出电压幅度越大，呈现高通特性。

一阶 RL 电路的传输函数为（电感两端输出）

$$H(\mathrm{j}\omega) = \frac{\dot{U}_2}{\dot{U}_1} = \frac{\mathrm{j}\omega L_1}{R_1 + \mathrm{j}\omega L_1} = \frac{\mathrm{j}\dfrac{\omega}{\omega_\mathrm{c}}}{1 + \mathrm{j}\dfrac{\omega}{\omega_\mathrm{c}}} = |\,H(\mathrm{j}\omega)\,| \angle \theta(\omega)$$

式中，$\omega_\mathrm{c} = \dfrac{R_1}{L_1}$ 是转折角频率；$|\,H(\mathrm{j}\omega)\,| = \dfrac{\dfrac{\omega}{\omega_\mathrm{c}}}{\sqrt{1 + \left(\dfrac{\omega}{\omega_\mathrm{c}}\right)^2}}$。

反映电压传输函数幅度随频率的变化特性（简称幅频特性）。

$$\theta(\mathrm{j}\omega) = 90° - \arctan\frac{\omega}{\omega_\mathrm{c}}$$

反映滤波器电压传输函数相位随频率的变化特性（简称相频特性）。图 8.13 所示曲线是一阶 RL 电路的幅频和相频特性曲线。

当 $\omega > \omega_\mathrm{c}$ 时，$20\lg|\,H(\mathrm{j}\omega)\,| \approx 0$，是平行水平坐标的直线。当 $\omega \ll \omega_\mathrm{c}$ 时，$20\lg|\,H(\mathrm{j}\omega)\,| \approx 20\lg\left(\dfrac{\omega}{\omega_\mathrm{c}}\right) = -20\lg\omega + 20\lg\omega_\mathrm{c}$，是斜率与 $-20\mathrm{dB}$/十倍频成比例的一条直线，

两条直线的交点坐标为(1，0dB)。

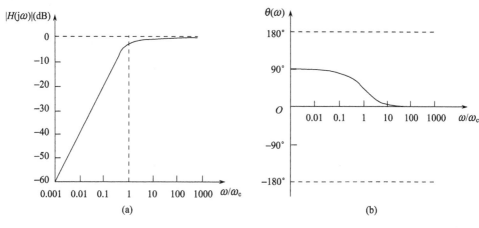

图 8.13　一阶 RL 高通滤波器特性分析

当 $\omega = \omega_c$ 时，$20\lg|H(j\omega)| = -3\text{dB}$，$-3\text{dB}$ 处对应的频率定义滤波电路的通频带宽(简称带宽)，上述 RL 高通滤波器的带宽为 $\omega_c \sim \infty$。相移为 $45°$。

由图 8.14 所示电路元件参数可以计算出电路的转折频率为

$$f_c = \frac{R_1}{2\pi L_1} = \frac{1}{2\pi \times 1 \times 10^{-2}} = 15.9\text{Hz}$$

当 $\omega = \omega_c$ 时，相移 $\theta(\omega_c) = 45°$。通带宽为 $15.9\text{Hz} \sim \infty$。带外衰减速率 $-20\text{dB}/$十倍频。

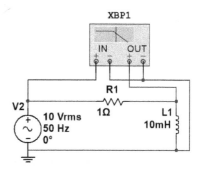

图 8.14　一阶 RL 高通滤波器

2. 仿真分析

打开 Multisim 的界面，从库文件中，选择电阻、电感、正弦波电压源、地和波特分析仪测试设备，在分析软件界面按图 8.14 连接，画出 RL 高通滤波器的原理图，并给电压源、电阻、电感赋值(可修改参数)。

检查电路确保正确后，运行软件，得到仿真结果。双击波特分析仪图标，可同时显示网络函数的幅度和相位随频率变化的情况。按图 8.15 所示对测试模式和参数进行选择，然后单击"Scale"对显示刻度进行设置，可得相应曲线。

结论：由仿真结果可知，网络函数的幅度小于等于 1，且一阶的 RL 高通滤波器，相移范围为 0～90°。

从图中可以得到：① -3.278dB 处的转折频率 $f_c = 14.991\text{kHz}$；②相移为 $46.714°$；③带外信号衰减为 $20\text{dB}/$十倍频程。对比仿真结果与理论分析一致。

【实例 8.4】将两个一阶 RL 高通滤波器级联起来，可以组成二阶 RL 高通滤波器，如图 8.16 所示。分析幅频特性和相频特性。

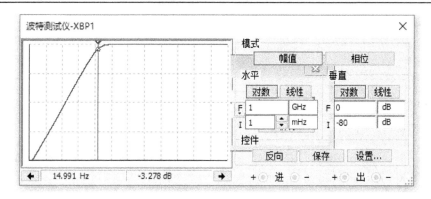

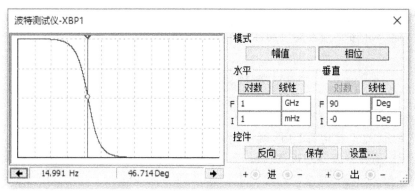

图 8.15　一阶 RL 高通滤波器幅频、相频特性仿真结果

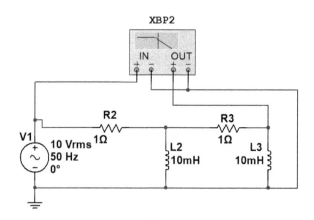

图 8.16　分析软件界面的二阶 RL 高通滤波器

1. 理论分析

仿照二阶 RC 电路分析求得(L₃ 两端输出)

$$H(\mathrm{j}\omega) = \frac{\dot{U}_2}{\dot{U}_1} = \frac{1}{1 - \dfrac{R^2}{\omega^2 L^2} + \dfrac{3R}{\mathrm{j}\omega L}} = |H(\mathrm{j}\omega)| \angle \theta(\omega)$$

式中，$|H(\mathrm{j}\omega)| = \dfrac{1}{\sqrt{\left(1 - \dfrac{R^2}{\omega^2 L^2}\right)^2 + \dfrac{9R^2}{\omega^2 L^2}}}$ ；$\theta(\omega) = \arctan\left(\dfrac{3\omega RL}{\omega^2 L^2 - R^2}\right)$ 。由此画出二阶 RL 高

阶滤波器的幅频和相频特性曲线如图 8.17（a）、图 8.17（b）所示。

令 $|H(\mathrm{j}\omega)| = \dfrac{1}{\sqrt{2}} \Rightarrow \left(1 - \dfrac{R^2}{\omega^2 L^2}\right)^2 + \dfrac{9R^2}{\omega^2 L^2} = 2$ ，可以求得：$\omega_c = 2.6724\omega_0$ ，式中 $\omega_0 = \dfrac{L_1}{R_1}$ 。

按图 8.16 中元件参数有 $f_c = 15.9 \times 2.6724 = 42.5\mathrm{Hz}$ 。当 $\omega = \omega_c$ 时，相移 $\theta(\omega_c) = -52.55°$ 。

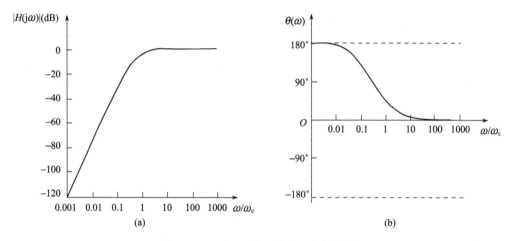

图 8.17　二阶 RL 高通滤波器特性分析

2. 仿真分析

打开 Multisim 的界面，从库文件中，选择电阻、电感、正弦波电压源、地、网络分析仪 5 个元器件和测试设备，在分析软件界面按图 8.16 连接，画出二阶 RL 高通滤波器的原理图，并给电压源、电阻、电感赋值（可修改参数）。设置示波器的刻度。运行仿真程序得到仿真结果如图 8.18 所示。

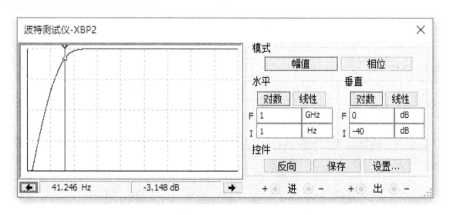

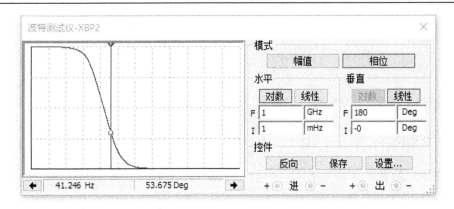

图 8.18　二阶 RL 高通滤波器幅频、相频特性仿真结果

从图 8.18 可以看出，仿真与理论分析结果是一致的。转折处，幅度为-3.148dB，f_c=41.246Hz，θ_c=53.675°。增加滤波器的阶数，对通带信号的抑制效果更好，幅频特性衰减更陡峭，带宽更窄，相位变化范围更大，二阶 RL 高通滤波器的相位变化范围为 0～180°。

8.2　无源 RLC 带通滤波器

RLC 也是常见的无源滤波器，利用 LC 之间的谐振原理，设计其不同频率特性，从而达到设计参数不同的滤波器。以下实例进行讨论。

【实例 8.5】如图 8.19 所示，RLC 带通滤波器由电阻、电容和电感组成，其中，输入电压为 $\dot{U}_1$，输出电压(电阻两端电压)为 $\dot{U}_2$，网络函数则为 $\dot{U}_2 / \dot{U}_1$。

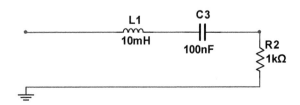

图 8.19　RLC 带通滤波器

1. 理论分析

定性分析，我们可以看出，当输入信号频率很低(如直流)时，电容容抗很大，相当于开路，因此有 $\dot{U}_2 = 0$；当输入信号频率很高时，电感感抗很大，相当于开路，因此有 $\dot{U}_2 = 0$，当信号频率在一定范围内，R_2 上的输出不为 0，因此整个电路呈现带通特性。

电压转移函数为

$$H(\mathrm{j}\omega) = \frac{\dot{U}_0}{\dot{U}_\mathrm{i}} = \frac{R}{R + \mathrm{j}\left(-\dfrac{1}{\omega C} + \omega L\right)} = \left|H(\mathrm{j}\omega)\right| \angle \theta(\omega)$$

式中

$$|H(\mathrm{j}\omega)| = \frac{\omega(R/L)}{\sqrt{[(1/LC) - \omega^2]^2 + [\omega(R/L)]^2}}; \quad \theta(\mathrm{j}\omega) = \arctan\left[\frac{(1/LC) - \omega^2}{\omega R/L}\right].$$

电路转移函数的虚部为零时，取得最大值，此时的频率称为串联电路的谐振频率：

$$\omega_0^2 - \frac{1}{LC} = 0 \Leftrightarrow \omega_0 = \sqrt{\frac{1}{LC}} \Leftrightarrow f_0 = \frac{\omega_0}{2\pi} = \frac{1}{2\pi\sqrt{LC}}.$$

令 $|H(\mathrm{j}\omega)| = \dfrac{1}{\sqrt{2}}$，计算对应频率 ω_{c1} 和 ω_{c2}。$\mathrm{BW} = |\omega_{c1} - \omega_{c2}| = \dfrac{\omega_0}{Q} = \dfrac{R}{L}$，称为带通滤

波器的带宽。$Q = \dfrac{\omega_0}{\mathrm{BW}} = \dfrac{\dfrac{1}{\sqrt{LC}}}{\dfrac{R}{L}} = \dfrac{1}{R}\sqrt{\dfrac{L}{C}}$，称为 RLC 串联电路的品质因数。

按图 8.19 所示电路元件参数可以求得

$$f_0 = \frac{\omega_0}{2\pi} = \frac{1}{2\pi\sqrt{LC}} = 5.035(\mathrm{kHz})$$

$$\mathrm{BW} = |\omega_{c1} - \omega_{c2}| = \frac{\omega_0}{Q} = \frac{R}{L} = 15.9(\mathrm{kHz})$$

$$Q = \frac{\omega_0}{\mathrm{BW}} = \frac{\dfrac{1}{\sqrt{LC}}}{\dfrac{R}{L}} = \frac{1}{R}\sqrt{\frac{L}{C}} = 0.32$$

2. 仿真分析

借助仿真软件进行分析，可得到更直观的输入输出的幅度比和相位差随频率的变化情况。打开 Multisim 的界面，从库文件中，选择电阻、电感、电容、正弦波电压源、地和网络分析仪测试设备，在分析软件界面按图 8.20 连接，画出 RLC 带通滤波器的原理图，并给电压源、电阻、电容、电感赋值(可修改参数)。

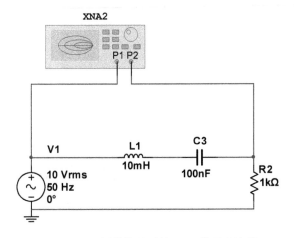

图 8.20　分析软件界面的 RLC 带通滤波器

　　检查电路是否正确后，运行软件，让计算机分析计算，很快可以得到结果，双击网络分析仪图标，可同时显示网络函数的幅度和相位随频率变化的情况，按图 8.21 所示对测试模式和参数进行选择，然后单击"Scale"对显示刻度进行设置，可得相应曲线。

　　结论：由仿真结果可知，网络函数的幅度是小于等于 1 的。从图 8.21 结果可以看出，在观察点(谐振点)的频率 $f_0 = 5.046 \times 10^3 \, \mathrm{Hz}$；在谐振点输出电压与输入电压相移为 0；当信号频率 $f < f_0$ 时，电路呈容性，输出电压相位超前输入电压，在 0~90°；当信号频率 $f > f_0$ 时，电路呈感性，输出电压相位滞后输入电压，在 0~−90°。对比理论分析与仿真结果是吻合得很好的。

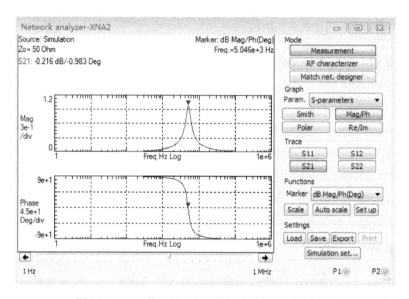

图 8.21　RLC 带通滤波器幅频、相频特性仿真结果

　　改变电阻、电感和电容的值，可以调整谐振电路的 Q 值，从而调整带通滤波器的带宽，仿真电路如图 8.22 所示。

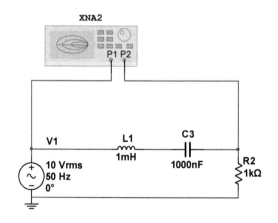

图 8.22　分析软件界面的 RLC 带通滤波器

按图 8.22 所示电路元件参数可以求得

$$f_0 = \frac{\omega_0}{2\pi} = \frac{1}{2\pi\sqrt{LC}} = 5.035\text{kHz}$$

$$\text{BW} = \left|f_{c1} - f_{c2}\right| = \frac{R}{2\pi L} = 159\text{kHz}$$

$$Q = \frac{\omega_0}{\text{BW}} = \frac{\dfrac{1}{\sqrt{LC}}}{\dfrac{R}{L}} = \frac{1}{R}\sqrt{\frac{L}{C}} = 0.032$$

按图 8.22 连接仿真电路,设置元件参数。检查电路确保正确后,运行软件得到结果,双击网络分析仪图标,可同时显示网络函数的幅度和相位随频率变化的情况,按图 8.23 所示对测试模式和参数进行选择,然后单击"Scale"对显示刻度进行设置,可得相应曲线。

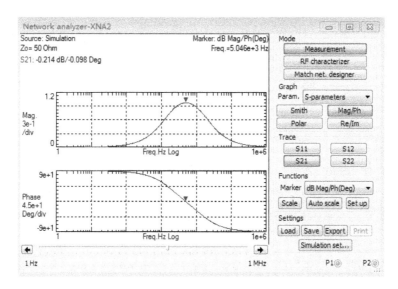

图 8.23　RLC 带通滤波器幅频、相频特性仿真结果

结论:对比图 8.20 和图 8.22 可以看出,当 LC 乘积相同时,谐振频率相同,即滤波器的中心频率相同;但是不同的器件值对应不同的 Q 值,对于相同的电阻值,电感值越小(或电容值越大),Q 值越低,即带通滤波器的带宽越宽。通过前面的计算,图 8.20 的 Q 值是图 8.22 的 Q 值的 10 倍,前者的谐振曲线尖锐得多,它的通带宽(15.9kHz)小于后者(159kHz)。前者的滤波效果比后者好。

【实例 8.6】用低通和高通滤波器也可以组合出带通滤波器,将 RC 低通滤波器和 RL 高通滤波器级联在一起,考查级联后的网络函数幅频和相频特性,其中电路如图 8.24 所示。

1. 理论分析

定性分析，我们可以看出，RC 为低通滤波，RL 为高通，如果高通的转折频率低于低通滤波器的转折频率，则 RC、RL 组合电路具有带通特性。由图中元件计算 RC 的转折频率 $f_{c1} = \dfrac{1}{2\pi RC} = 159\text{kHz}$，RL 的转折频率 $f_{c2} = \dfrac{R}{2\pi L} = 15.9\text{Hz}$，$f_{c2} \ll f_{c1}$，组合允许频率在 $f_{c2} \sim f_{c1}$ 的信号通过，滤除其他信号，具有带通特性。

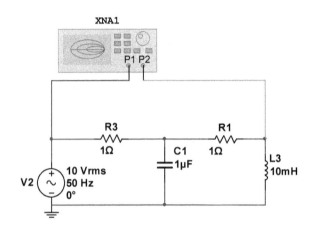

图 8.24   分析软件界面的带通滤波器

仿照二阶 RL 电路的分析，组合 RC、RL 电路的电压转移函数为

$$H(\text{j}\omega) = \frac{\dot{U}_0}{\dot{U}_i} = \frac{1}{\left(1 - \dfrac{R^2 C}{L}\right) + \text{j}\left(\omega RC - \dfrac{2R}{\omega L}\right)} = \left|H(\text{j}\omega)\right| \angle \theta(\omega)$$

式中，$\left|H(\text{j}\omega)\right| = \dfrac{1}{\sqrt{\left(1 - \dfrac{R^2 C}{L}\right)^2 + \left(\omega RC - \dfrac{2R}{\omega L}\right)^2}}$；$\theta(\text{j}\omega) = -\arctan\left[\dfrac{\omega^2 RC - 2R}{\omega L - \omega R^2 C}\right]$。

电路转移函数的虚部为零时，取得最大值，此时的频率称为组合电路的谐振频率：

$\omega RC - \dfrac{2R}{\omega L} = 0 \Rightarrow \omega_0 = \sqrt{\dfrac{2}{LC}} \Rightarrow f_0 = \dfrac{\sqrt{2}}{2\pi\sqrt{LC}}$，此时 $\left|H(\text{j}\omega)\right|_{\max} = 1 / \left(1 - \dfrac{R^2 C}{L}\right) \approx 1$，输出信号的相移为 0。

按图 8.24 所示电路元件参数求得：$f_0 = \dfrac{\sqrt{2}}{2\pi\sqrt{LC}} = 2.251(\text{kHz})$。

2. 仿真分析

打开 Multisim 的界面，从库文件中，选择电阻、电感、电容、正弦波电压源、地和网络分析仪测试设备，在分析软件界面按图 8.24 连接，画出 RC、RL 组合带通滤波器原理图，并给电压源、电阻、电容、电感赋值(可修改参数)。

检查电路确保正确后，运行软件，得到仿真结果，双击网络分析仪图标，可同时显示网络函数的幅度和相位随频率变化的情况，按图 8.25 所示对测试模式和参数进行选择，然后单击"Scale"对显示刻度进行设置，可得相应曲线。

结论：观察图 8.25 可知，曲线是单峰，具有带通特性，相移为 $-90° \sim 90°$；-0.19dB 处相移为 $-0.188°$，频率为 1.602kHz。对比理论分析与仿真结果一致。

值得注意的是，进行本实例练习时，所级联的低通滤波器转折频率应高于高通滤波器转折频率，学生也可以思考一下，如果所级联的低通滤波器转折频率低于高通滤波器转折频率，则网络函数的幅频和相频响应会是怎样？

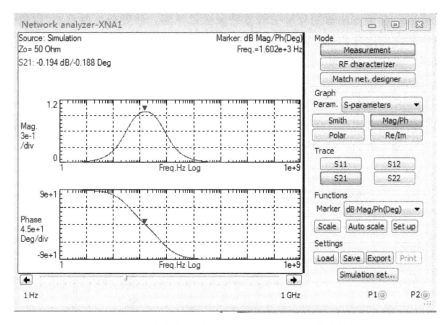

图 8.25　组合式带通滤波器幅频、相频特性仿真结果

8.3　有源带通滤波器

从前面的仿真实例可以看出，当滤波器采用无源结构时，网络函数的幅值是小于 1 的，有源滤波器可以认为是滤波器和放大器，增益在通频带可大于 1。带通滤波器设计通常需要电感元件，特别对于选择特性要求比较高的电路。在实际应用中，特别是集成电路工艺中，一般不选择电感器的制作，而是选择 R、C 以及运算放大器，这就是有源滤波器。

【实例 8.7】分析图 8.26 所示有源带通滤波器。

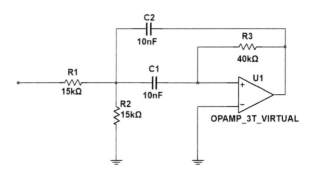

图 8.26　有源带通滤波器

理论分析。有源滤波器的分析比较复杂，这里忽略，借助仿真软件进行分析，可得到输入输出的幅度比和相位差随频率的变化情况。有源带通滤波器由电阻、电容和运算放大器组成，其中，输入电压为 $\dot{U}_1$，输出电压（运算放大器输出端电压）为 $\dot{U}_2$，网络函数则为 $\dot{U}_2/\dot{U}_1$。

打开 Multisim 的界面，从库文件中，选择电阻、电容、运算放大器、正弦波电压源、地和网络分析仪测试设备，在分析软件界面按图 8.27 连接，画出有源带通滤波器的原理图，并给电压源、电阻、电容赋值，运算放大器可选用其默认参数。

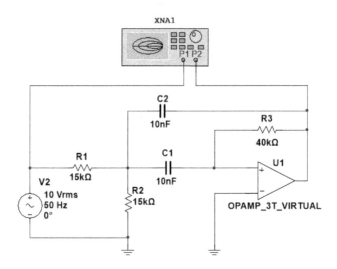

图 8.27　有源带通滤波器仿真电路

实例 8.7

检查电路是否正确后，运行软件，让计算机分析计算，很快可以得到结果，双击网络分析仪图标，可同时显示网络函数的幅度和相位随频率变化的情况，按图 8.28 所示对测试模式和参数进行选择，然后单击"Scale"对显示刻度进行设置，可得相应曲线。由仿真结果可知，在该有源滤波器的中心频率，其网络函数的幅度为 2.498dB，大于 1，相移范围为 −180°～180°。

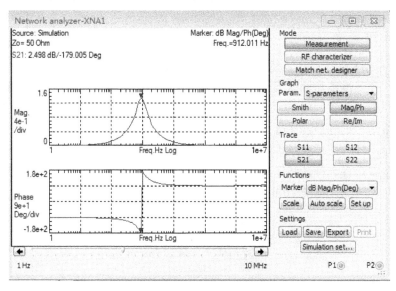

图 8.28　有源带通滤波器幅频、相频特性仿真结果

8.4　双通带滤波器仿真分析

双通带滤波器由电阻、电感和电容构成,可以由两个 LC 谐振单元并联实现(图 8.29)。其中,输入电压为 $\dot{U}_1$,输出电压(电阻两端电压)为 $\dot{U}_2$,网络函数则为 $\dot{U}_2 / \dot{U}_1$。

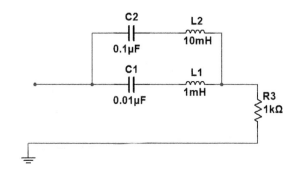

图 8.29　双通带滤波器

【实例 8.8】如图 8.29 所示,分析幅频特性和相频特性。

1. 理论分析

由于函数比较复杂,我们简单定性分析一下。电路设计了两个 LC 电路,一个 LC 串联组件必然有一个谐振点(对应某个频率),必然出现一个阻抗峰值点;另一个 LC 串联组件同理。这样设计两个不同的谐振点,必然出现两个峰值点。具体参数和结果可以直接查看计算机仿真结果。

2. 仿真分析

打开 Multisim 的界面，从库文件中，选择电阻、电容、电感、正弦波电压源、地、网络分析仪 6 个元器件和测试设备，在分析软件界面按图 8.30 连接，画出双通带滤波器的原理图，并给电压源、电阻、电容、电感赋值。

检查电路是否正确后，运行软件，让计算机分析计算，很快可以得到结果，双击网络分析仪图标，可同时显示网络函数的幅度和相位随频率变化的情况，按图 8.31 所示对测试模式和参数进行选择，然后单击"Scale"对显示刻度进行设置，可得相应曲线。由仿真结果可知，该滤波器在 100Hz~1MHz 的频率范围内有两个谐振点，即有两个通带。

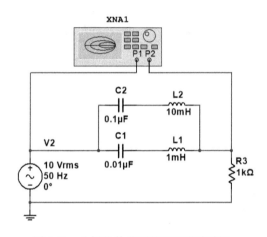

图 8.30　分析软件界面的双通带滤波器

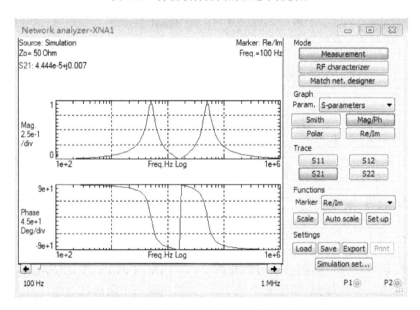

图 8.31　双通带滤波器幅频、相频特性仿真结果

　　思考：当并联的两个谐振电路谐振频率很接近时，网络函数的幅频、相频特性会是怎样？如果设计单个谐振点，且靠近，又会如何？

训 练 题

1. 分析一个一阶无源 RC 低通滤波器。
2. 分析一个二阶无源 RC 低通滤波器。
3. 分析一个 RLC 带通滤波器。
4. 分析一个有源带通滤波器。
5. 分析一个无源双通带滤波器(指标自定)。

第9章 放大器电路分析

放大电路是指在保持信号不失真的前提下，将较弱的电信号(电压、电流、功率)放大到所需的量级，其功率增益大于 1 的电子线路。放大电路实质是利用有源器件实现能量的转换，一般来说，较弱的输入信号输入电路，驱动电路将直流能量转换成输出的交流能量，交流信号与输入信号一致，从而实现了弱信号的放大。放大器的数学模型很简单，其输入输出之间就是一个比例放大关系。

如果不考虑电路的反馈特性，则放大电路可以等效为图 9.1 所示的二端口网络。其中，R_i 和 R_o 分别是电路的输入电阻和输出电阻，$\dot{U}_o'$ 是开路输出电压，受输入电压或电流控制的受控源。当外接负载 R_L 后，输出电压与输入电压的比值就是电路的电压放大倍数。

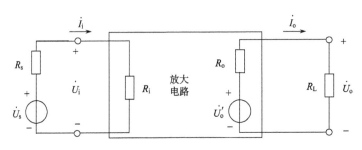

图 9.1 放大电路示意图

9.1 晶体管放大器

可以用双极结型晶体管(bipolar junction transistor，BJT)设计放大电路，BJT 设计的放大电路有三种基本结构，分别是共射极放大电路、共集电极放大电路和共基极放大电路。分析放大电路的基本方法是：先分析 BJT 的静态工作点；再用小信号等效电路模型，分析电路的输入、输出电阻和电压放大倍数等；有些电路分析还需要利用参数以及分布参数分析计算放大器频率特性及带宽。

利用晶体管设计放大器，也有多种模式。以下通过实例进行讨论。

【实例 9.1】图 9.2 是典型的稳定静态工作点共射极放大电路。C_1、C_2 是耦合电容，C_e 是旁路电容。分析电路的主要参数。

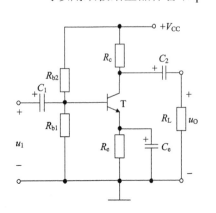

图 9.2 BJT 共射极电路原理图

1. 理论分析

1）静态工作点

当参数满足：$R_{b1}//R_{b2} << (1+\beta)R_e$ 时，$U_{BQ} \approx \dfrac{R_{b1}}{R_{b1}+R_{b2}} \cdot V_{CC}$，$I_{EQ} = \dfrac{U_{BQ}-U_{BEQ}}{R_e}$，

$U_{CEQ} \approx V_{CC} - I_{EQ}(R_c + R_e)$。

2）动态参数

图 9.3 是电路的交流等效电路，r_{be} 是发射结电阻，大小与静态工作点有关，β 是 BJT 的电流放大倍数。电压放大倍数和输入、输出电阻表达式：

$$A_u = -\frac{\beta(R_c//R_L)}{R_i}, \quad R_0 \approx R_c, \quad R_i = \frac{U_i}{I_i} = R_{b1}//R_{b2}//r_{be}。$$

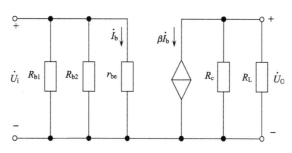

图 9.3　BJT 共射极放大电路的交流小信号等效电路

2. 仿真分析

仿真电路图如图 9.4 所示，选择三极管 2N2222A，按照原理图连接电路。输入信号有效值 1mV，频率 10kHz，耦合电容和旁路电容都选择 10μF，V_{CC}=12V。选择三极管的静态工作点为 I_{CQ}=1.5mA，U_{CEQ}=5V，选取 R_e=1.5kΩ，R_{b1}=5kΩ。根据前面的公式，可以确定 R_{b2} 和 R_c 的大致阻值，然后根据仿真结果调整。

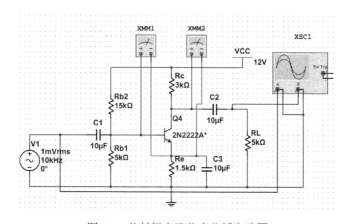

图 9.4　共射极电路仿真分析电路图

实例 9.1

1) 静态工作点

可以通过菜单 Simulate→Analyses→DC Operating Point 查看各点的直流参数，也可以用电压表观测 U_{BEQ} 和 U_{CEQ} 的大小，如图 9.4 所示。

将图 9.4 中给定的参数代入静态工作点计算公式，可得

$$U_{BQ} \approx \frac{R_{b1}}{R_{b1} + R_{b2}} \cdot V_{CC} = \frac{5\mathrm{k}}{5\mathrm{k}+15\mathrm{k}} \cdot 12 = 3(\mathrm{V})$$

$$I_{EQ} = \frac{U_{BQ} - U_{BEQ}}{R_e} = \frac{3 - 0.65}{1.5\mathrm{k}} = 1.567(\mathrm{mA})$$

$$U_{CEQ} \approx V_{CC} - I_{EQ}(R_c + R_e) = 12 - 1.567 \times 10^{-3}(3\mathrm{k} + 1.5\mathrm{k}) = 4.949(\mathrm{V}) 。$$

仿真结果如图 9.5 所示，$V(2)$、$V(1)$、$V(6)$ 分别对应三极管的 B、E、C 三个电极。由图 9.5 可知，I_{CQ}=1.52mA（探针 I(RC) 的数值），U_{BEQ}=0.64V（虚拟电压表 XMM1 的读数），U_{CEQ}=5.13V（虚拟电压表 XMM2 的读数）。对比理论计算和仿真结果，在误差范围内是吻合的。

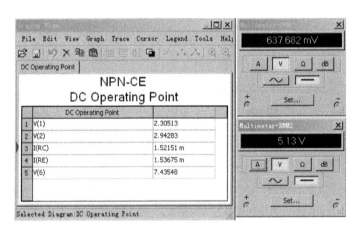

图 9.5　直流工作点仿真结果

2) 交流参数

单频交流参数分析。可以通过菜单 Simulate→Analyses→Single Frequency AC Analysis，进行单频交流参数分析，仿真结果如图 9.6 所示，查看各支路上的交流电压和电流。$V(4)$、$V(3)$ 分别是输入输出交流电压有效值。

探针分析。除此之外，还可以用探针测试各支路上的电压、电流（Simulate→Instrument→Measurement Probe）。如图 9.6 所示，两个探针分别测试输入和输出支路上的电参数（包括直流、小信号交流参数）。

由图 9.6 可知，输入电流 i_i=841nA，输入电压 u_i=1mV，输出电压 u_o=105mV（以上几个量都是有效值），相位接近于-180°。因此，电路电压放大倍数 A_u=u_o/u_i=-105，输出电压与输入电压反相。而输入电阻 R_i=u_i/i_i≈1.2kΩ，输出电阻 R_o≈R_c=3kΩ。对比仿真与理论分析计算结果，是相吻合的。

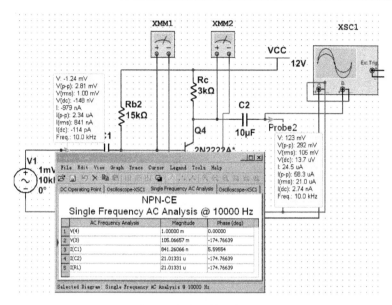

图 9.6　交流参数仿真结果

示波器波形观察。采用示波器可以观测输入输出波形，如图 9.7 所示，幅度较小的是输入波形，幅度较大的是输出波形。可以看出，输入输出波形相位相反，放大倍数 $A_u = u_o/u_i = -146.2/1.38 \approx -105$。

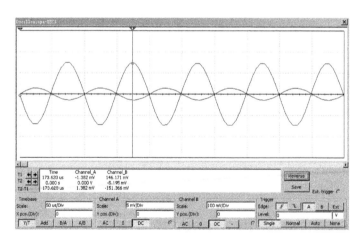

图 9.7　输入输出波形

结论：对比几种方法都能得到一致的结果；几种方法各有特点，在实际应用时可以选择几种仿真，既可以相互验证，又可以互为补充；计算机提供的仿真分析，既快捷又直观，仿真结果与理论分析结果一致，在工程应用中具有很好的实用价值。

为了获得足够大的电压放大倍数，需要几级放大电路级联。多级放大电路的耦合方式一般有直接耦合、阻容耦合或变压器耦合实现前后级信号传输。直接耦合的低频性能好，但是各级放大电路的静态工作点相互影响，设计和调试较为复杂，多用于集成电路中。而阻容耦合方式虽然不能放大低频信号，但可以单独确定每级电路的工作点，设计和调试方便。变压器耦合因体积大、漏磁易产生干扰，小信号中频放大器也很少采用，它一般用在功率放大器中。

【实例9.2】如图9.8所示，将共射与共基极 BJT 放大器电路级联构成两级放大电路。试分析其相关参数。

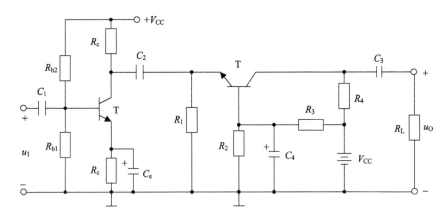

图 9.8　两级放大电路

1. 理论分析

C_2 将放大电路一分为二，第一级是共射极电路，第二级是共基极电路。由于耦合电容和旁路电容的存在，两级放大电路可以单独分析其静态工作点。多级放大电路的电压放大倍数等于各级电路电压放大倍数的乘积。需要注意的是，在计算各级电路的放大倍数时，后级电路的输入电阻是前级电路的负载，而前级电路的输出电阻是后级电路的源内阻。静态工作点相同，计算公式如下。

因为

$$A_{u1} = -\frac{\beta(R_c // R_{i2})}{r_{be}}, \quad A_{u2} = \frac{\beta(R_4 // R_L)}{r_{be}}$$

而

$$R_{i2} = R_1 // \frac{r_{be}}{1+\beta} \approx \frac{r_{be}}{1+\beta}$$

所以

$$A_{u1} = -\frac{\beta(R_c // R_{i2})}{r_{be}} \approx -\frac{\beta}{r_{be}}\frac{r_{be}}{1+\beta} \approx -1$$

即

$$A_u = A_{u1} \cdot A_{u2} \approx A_{u2}$$

另外

$$R_i = R_{b1} // R_{b2} // r_{be}, \quad R_o = R_4$$

从表达式可以看出，由于 CB（共基极）电路的输入电阻很小，即 CE（共射极）电路的等效负载很小，因此 CE 电路几乎没有电压放大能力，CE-CB 级联电路的电压放大倍数约等于 CB 电路的放大倍数。

2. 电路仿真

1）静态工作点

仿真电路图如图 9.9 所示，由于两级电路选择相同的 BJT，工作点设置一样，所以两个三极管的静态工作点：$I_{CQ1}=I_{CQ2}=1.52$mA，$U_{BEQ1}=U_{BEQ2}=0.64$V，$U_{CEQ1}=U_{CEQ2}=5.13$V。

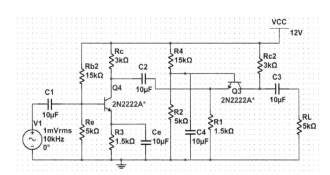

图 9.9　CE-CB 级联电路仿真图

2）动态参数

用 Probe1、Probe2、Probe3 分别测试 C_1、C_2、C_3 支路上的电参数，如图 9.10 所示。在 C_1 处，$V_{1p\text{-}p}=2.81$mV，$I_{1p\text{-}p}=2.34\mu$A；在 C_2 处，$V_{2p\text{-}p}=2.76$mV，$I_{2p\text{-}p}=159\mu$A；在 C_3 处，$V_{3p\text{-}p}=291$mV。所以 $R_{i2}=V_{2p\text{-}p}/I_{2p\text{-}p}\approx17\Omega$，$A_{u1}=V_{2p\text{-}p}/V_{1p\text{-}p}\approx-0.98$，$A_{u2}=V_{3p\text{-}p}/V_{2p\text{-}p}\approx105$，$A_u=V_{3p\text{-}p}/V_{1p\text{-}p}\approx-105$。验证了理论分析的正确性。

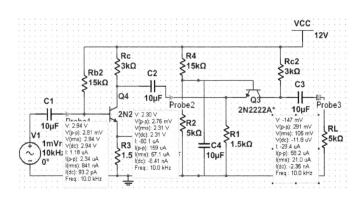

图 9.10　CE-CB 级联电路仿真结果

输入电阻 $R_i=V_{1p\text{-}p}/I_{1p\text{-}p}\approx1.2$kΩ，就是第一级 CE 电路的输入电阻。

3）波形测试

用示波器观测各节点信号波形。图 9.11 是第一级放大电路输入输出电压波形，A 通道是输入电压曲线，B 通道是输出电压曲线。可以看到，第一级放大电路几乎没有电压放大能力，输入输出反相。

图 9.12 是整个电路的输入输出电压波形，幅度较小的是输入信号，幅度较大的是输出信号。可以看出，CE-CB 级联电路输入与输出反相，从信号幅度也可以计算出电压放大倍数。

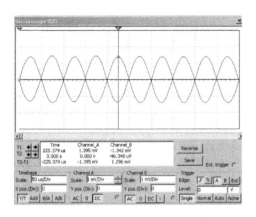
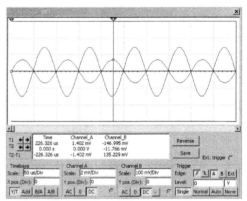

图 9.11 第一级放大电路输入输出波形　　　　图 9.12 整个放大电路输入输出波形

9.2　功率放大器

功率放大器工作在多级放大电路的输出级，输出功率较大。要输出大的功率，晶体管一般工作在接近极限状态，因此功率放大电路的技术指标和分析方法与小信号电路完全不同。功放电路的指标主要是：最大输出功率、效率以及失真等，由于晶体管工作在大信号状态，分析方法一般采用图解法。

根据晶体管的工作状态，可以将功放电路分为甲类、乙类、甲乙类等形式，如图 9.13 所示。工作在甲类时，静态工作点一般选择较大，使晶体管在输入信号的整个周期都处于导通状态。关于功率放大器的详细介绍请查阅相关书籍。

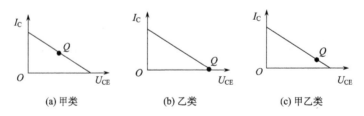

图 9.13　晶体管的工作状态

【**实例 9.3**】分析图 9.14 所示甲类功率放大电路。

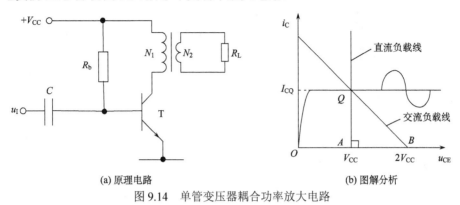

(a) 原理电路　　　　　　　　　　　　　　　　　　　(b) 图解分析

图 9.14　单管变压器耦合功率放大电路

1. 基本原理

图 9.14 是变压器耦合甲类功放电路图及其图解分析。晶体管的 $U_{CEQ}=V_{CC}$，直流负载线垂直于横轴。可以选择变压器的匝比，使得交流负载线与横轴交于 $2V_{CC}$。电源功率为 $P_V=I_{CQ}V_{CC}$，这也是静态时晶体管的管耗。最大输出功率 $P_{om}=0.5I_{CQ}V_{CC}$，所以此类功放的效率理论上可以达到 50%。

2. 电路仿真

1) 静态工作点

仿真电路图如图 9.15 所示。负载设为 8Ω，晶体管还是选择 2N2222A。该晶体管最大管耗为 500mW，设置静态工作点 $U_{CEQ}=8V$，$I_{CQ}=60mA$ 左右。用电压表测试 U_{CEQ}，用一个探针测试集电极电流 I_{CQ}，测试结果如图 9.16 所示。

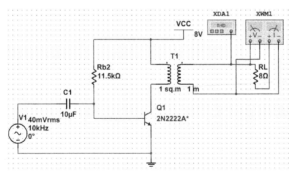

图 9.15　功放电路仿真图

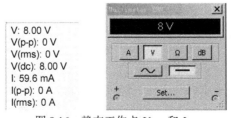

图 9.16　静态工作点 U_{CEQ} 和 I_{CQ}

2）输出功率、失真度与效率分析

由于晶体管是非线性有源器件，即使工作在甲类，仍然存在失真。工程上，预先选择一定的可接受的失真度，再设计电路选型及其最大输出功率。用探针测试直流电源的电压和电流，以便计算直流功率，用功率表测试负载上的输出功率，用失真分析仪测试输出信号的失真度，用示波器测试负载上的输出信号波形。下面分别展示不同输出功率时的效率、失真度和输出波形。为方便分析，电路图中采用理想变压器，匝比为4。

输入 25mV。如图 9.17 所示，电源功率为 517mW，输出功率为 121mW，效率为 23.4%，失真度为 10.6%，由输出波形可以看出，此时失真较小。观察示波器上的输出波形，上面尖、窄，下面宽、圆，能够明显地看出正弦波上下不对称，即肉眼看出波形失真。

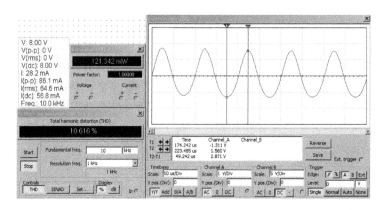

图 9.17　输入 25mV 时的电源功率、输出功率、失真度和输出波形

输入 30mV 时，电源功率为 517mW，输出功率为 163mW，效率为 31.5%，失真度为 15.4%，如图 9.18 所示。

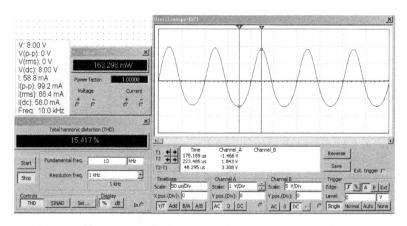

图 9.18　输入 30mV 时的电源功率、输出功率、失真度和输出波形

观察示波器上的输出波形，上面尖、窄，下面宽、圆，能够明显地看出正弦波上下不对称，即肉眼看出波形失真。失真比上面更加明显。

如图 9.19 所示，输入 40mV 时，电源功率为 520mW，输出功率为 223mW，因此效率为 42.9%，失真度为 26%。

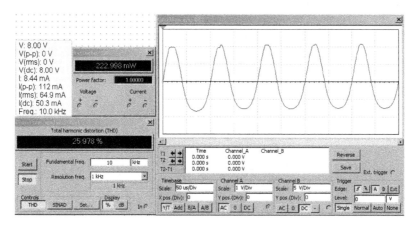

图 9.19　输入 40mV 时的电源功率、输出功率、失真度和输出波形

观察示波器上的输出波形，上面尖、窄、有凹陷，下面宽、圆，能够明显地看出正弦波上下不对称，即肉眼看出波形失真。失真比上面明显得多。

【注意事项】功率放大器工作在管子的极限参数。

（1）甲类功率放大器工作点选定在晶体管输出曲线的中点，即使输入信号为 0，也要吸收大量的功率，电路的效率很低，理想情况下为 50%，实际只有 20%~30%。

（2）由于晶体管是非线性器件，即使将工作点设在输出曲线的中间，失真还是很大。

（3）一定要在给定的失真度下，测定输出功率才有意义。

（4）功率放大器工作在管子的极限参数边缘，要注意保护管子。

9.3　MOS 放大器

MOS 称为金属（metal）—氧化物（oxid）—半导体（semiconductor）场效应晶体管，主要特点是结构简单、制造方便、集成度高、功耗低。

MOS 电路广泛用于模拟和数字电路。在模拟电路中，MOS 管被设计制作放大电路。基本的 MOS 放大电路的结构有共源放大、共漏放大、共栅放大、电压跟随器、cascode 结构、差分对结构、基准源、电流镜等。进一步可以扩展到反馈结构、运算放大器等结构的电路。灵活地应用这些基本电路结构，可以构成复杂的电路，完成复杂的功能。对于数字电路，MOS 管起开关作用，以代表基本 0 和 1 两种状态。通过匹配的 NMOS 管和 PMOS 管，实现基本的逻辑，也称 CMOS 电路模式，其中包括反相器、与非门、或非传输门等。进一步涉及触发器、时序逻辑电路等。通过集成这些基本的逻辑单元，实现复杂的逻辑和功能，如加法器、编码器、译码器、计数器、存储器等。

MOS 管放大器也可以设计多种模式，通过以下实例讨论。

【实例 9.4】分析图 9.20 所示共源 MOS 管放大器电路。根据电路原理图计算出合适的静态工作点 Q，并结合仿真软件 Multisim 对电路进行仿真和观察。

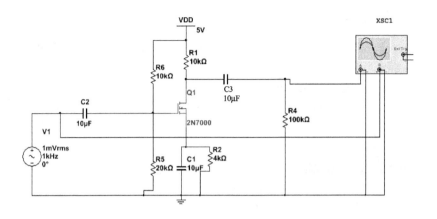

图 9.20   MOS 共源放大电路分析

1. 理论分析

大信号分析。如图 9.20 所示，根据 MOS 管共源输出特性曲线，选择适当的 V_{GS}，可以根据公式：$I_{DS} = \beta(V_{GS} - V_T)^2$ 计算出 I_{DS}，再选择合适的 R_D，根据公式：$V_{DS} = V_{DD} - I_{DS} \cdot R_D$ 计算出 $V_{OUT}(V_{DS})$，观察确定的 $Q(I_{DS}, V_{DS})$ 是否处在饱和区(饱和区要求：$V_{DS} > V_{GS} - V_T$)的合适位置，如图 9.21 所示，即是否获得一个合适的输出摆幅，这样反复推导可以确定一个合适的静态工作点 Q。

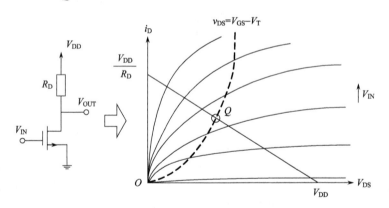

图 9.21   MOS 共源放大电路的原理图

假设 $I_D = 2mA$，根据 2N7000 共源输出特性曲线，查到的 $V_{GS} = 3V$，$V_{DS} = 1.5V$ 时静态工作点 Q 在共源输出特性曲线中饱和区的合适位置。图 9.20 中 C_1 滤除交流小信号，防止交流小信号对静态工作点的干扰；C_2 耦合输入交流信号，同时隔离直流信号对输入交流小信号的干扰，C_3 输出放大后的交流信号，滤除直流信号，防止直流信号对输出交流小信号的干扰。

根据 $V_{GS} = R_5/(R_6 + R_5) \cdot V_{DD}$，可选取 $R_6 = 10k\Omega$，$R_5 = 20k\Omega$。

选取输出负载 $R_4 = 2k\Omega$，为了确定一个合适的放大倍数，以及根据 V_{DD} 和 I_D，来确

定 R_1 和 R_2。

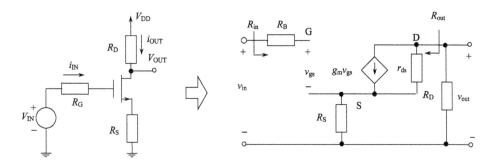

图 9.22　MOS 共源放大电路的小信号等效电路

小信号等效分析如下。

参照一般的小信号模型，如图 9.22 所示，可以推导出

$$A_V = \frac{v_{out}}{v_{in}} = \frac{-g_m v_{gs} R_D}{v_{gs} + g_m v_{gs} R_S} = \frac{-g_m R_D}{1 + g_m R_S}, \quad R_{in} = \infty, \quad R_{out} = r_{ds} g_m R_S$$

根据上面公式，可以确定放大倍数 A_V（g_m 由 NMOS 型号确定）。选取合适的 $R_D(R_1)$=2kΩ，$R_G(R_3)$=3kΩ，$R_S(R_2)$=1kΩ，根据上图公式，可以确定放大倍数 A_V 和等效输出阻抗 R_{out}（电路无负载），将 R_{out} 并联上负载电阻 R_4 才是整个电路的等效输出阻抗。

2. 仿真结果

打开 Multisim 程序，在元件库中提取电阻、电容、MOS 管、电源、地和示波器等元器件和测量仪器，根据图 9.20 画出仿真电路，按上述分析给元件赋值，检查电路确保无误，运行程序，得到 MOS 放大器的输出波形如图 9.23 所示。

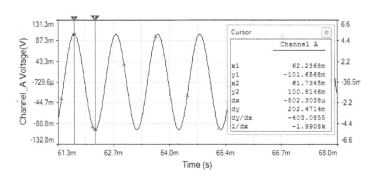

图 9.23　共源 MOS 放大电路仿真波形

图中正弦波曲线表示输出信号，输入为 1mV，输出峰峰值 V_{out-pp}=202mV，仿真结果表明 $A_V = V_{out-pp} / V_{in-pp}$=101。

【实例 9.5】差分 MOS 管放大器电路如图 9.24 所示。

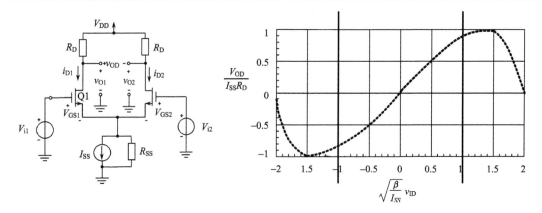

图 9.24 差分 MOS 管放大器电路大信号分析

1. 理论分析

大信号分析：

$$v_{OD} = v_{o1} - v_{o2} = (V_{DD} - i_{D1}R_D) - (V_{DD} - i_{D2}R_D) = R_D\left(\frac{kW}{2L}v_{ID}\sqrt{\frac{4I_{SS}}{k'(W/L)} - v_{ID}^2}\right)$$

如图 9.25 所示，不论共模还是差模信号，均可采用小信号等效模型方法分析，例如，将左图的电路等效为右图电路。

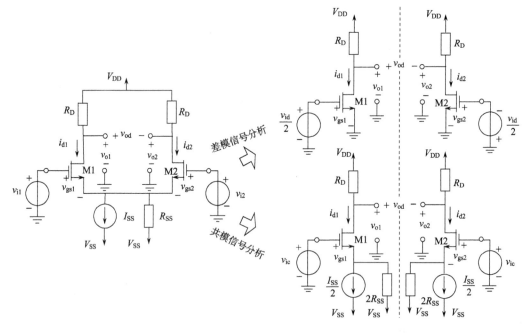

图 9.25 差分 MOS 管放大器电路共模信号与差模信号分析

如图 9.26 所示，差模小信号分析：

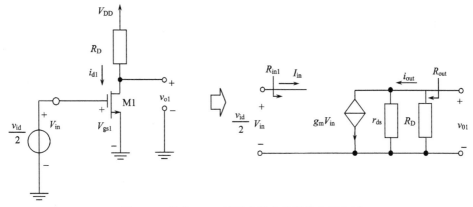

图 9.26　差分 MOS 管放大器电路差模信号分析

$$R_{\text{in}1} = \infty, \quad R_{\text{out}1} = R_D, \quad \frac{v_{o1}}{v_{id}} = \frac{-g_m R_D}{2}$$

$$R_{id} = \infty, \quad R_{od} = R_{\text{out}1} + R_{\text{out}2} = 2R_D$$

$$\frac{v_{od}}{v_{id}} = \frac{v_{o1}}{v_{id}} - \frac{v_{o2}}{v_{id}} = \frac{-g_{m1} R_D}{2} + \frac{-g_{m2} R_D}{2} = -g_m R_D$$

如图 9.27 所示，共模小信号分析：

$$R_{\text{in}1} = \infty, \quad R_{\text{out}1} = r_{ds}(1 + g_m 2R_{SS}) + 2R_{SS}, \quad \frac{v_{o1}}{v_{id}} = \frac{-g_m R_D}{1 + g_m 2R_{SS}}$$

$$R_{ic} = \infty, \quad R_{oc} = r_{ds}(1 + g_m 2R_{SS}) + 2R_{EE}, \quad \frac{v_{oc}}{v_{ic}} = \frac{v_{o1}}{v_{ic}} - \frac{v_{o2}}{v_{id}} = \frac{-g_m R_D}{1 + g_m 2R_{SS}}$$

$$g_{m1} = g_{m2} = g_m, \quad r_{ds1} = r_{ds2} = r_{ds}$$

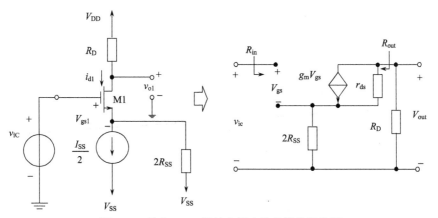

图 9.27　差分 MOS 管放大器电路共模信号分析

共模抑制比是指差分对电路差模小信号的放大能力以及对共模信号抑制的能力。

$$\text{CMRR} = \left| \frac{A_{dm}}{A_{cm}} \right| = \left| \frac{v_{o1}/v_{id}}{v_{o1}/v_{ic}} \right| = \left| \frac{\dfrac{-g_m R_D}{2}}{\dfrac{-g_m R_C}{1 + g_m 2R_{SS}}} \right| \approx g_m R_{SS}$$

2. 电路仿真

差模信号放大仿真：差分 MOS 管放大器电路如图 9.28 所示，此电路的静态工作点 Q 的配置与共源放大器设置一样。要分清楚差模信号和共模信号的区别，以及输出端负载的接法，差模为双端输出，共模为单端输出。

$$A_{V\text{-}d} = v_{od} / v_{id} = (2.7V/40mV) = 67.5$$

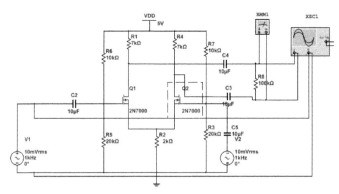

图 9.28　差分 MOS 管放大器电路

图 9.29 中正弦信号曲线表示输出信号，dy 表示电压的峰-峰值。

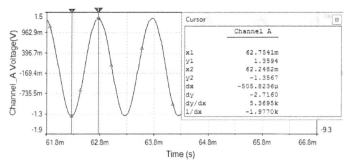

图 9.29　差分 MOS 管放大器电路差模信号

共模信号仿真，连接如图 9.30 所示，输出结果如图 9.31 所示。

$$A_{V\text{-}c} = v_{oc} / v_{ic} = 59.03mV/20mV = 2.95$$

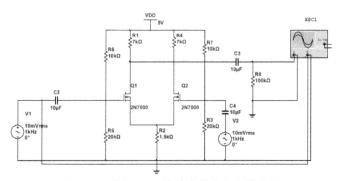

图 9.30　差分 MOS 管放大器电路共模信号

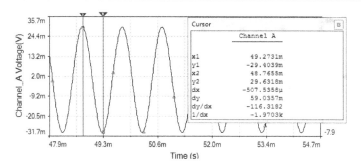

图 9.31　差分 MOS 管放大器电路共模信号仿真

图中正弦信号曲线表示输出信号。

共模抑制比为

CMRR= $A_{V\text{-d}}$ / $A_{V\text{-c}}$ =67.5/2.95=22.88

9.4　负反馈放大电路

反馈是电路应用中一个重要技术环节。其基本的工作原理是，从输出端采样信号，处理后反馈到输入端，从而改善放大器的相关参数。详细理论可以参阅相关书籍，此不赘述。

【实例 9.6】单管晶体管负反馈电路，如图 9.32 所示。

1．理论分析

图 9.32 所示 R_6 和 R_1 构成直流负反馈，R_6 构成交流负反馈。与前面分析单管放大器同理，先分析计算静态直流工作点。如果直流工作点设置不好，则修改参数，直到获得最好的值。然后建立交流小信号电路模型。通过交流电路模型，可以分析计算增益、带宽等技术参数。方法类同，在此不详细介绍。直接观察计算机仿真结果。

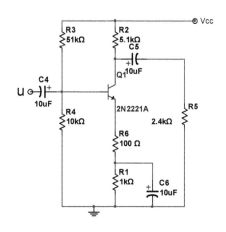

图 9.32　单管晶体管负反馈电路

2. 仿真分析

　　静态工作点分析，通过在 Multisim 环境中加入 12V 直流电压源，如图 9.33 所示，并进行直流工作点分析，得到图 9.34 所示结果。

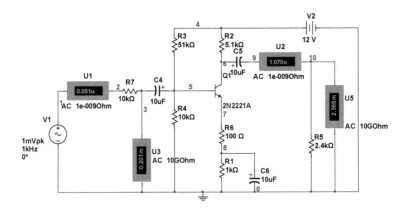

图 9.33　直流分析电路图

	DC Operating Point	
1	@qq1[ic]	1.08309 m
2	@qq1[ib]	15.88483 u
3	V(6)	6.47914
4	V(5)	1.83448
5	V(7)	1.20824

图 9.34　静态工作点仿真测量

　　$V_c=V(6)=6.47914V$；$V_b=V(5)=1.83448V$；$V_e=V(7)=1.20824V$；$I_b=15.88483\mu A$；$I_c=1.08309mA$；$V_{be}=V(5)-V(7)=0.62V$；$V_{ce}=V(6)-V(7)=5.2709V$。

　　工作波形测量，测得信号源波形（V(1)），输入信号波形（V(3)）和输出信号波形（V(10)），如图 9.35 所示。

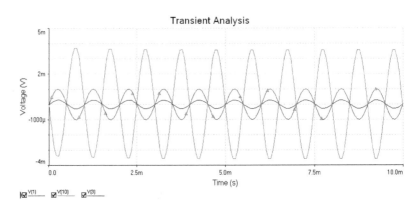

图 9.35　工作波形

放大倍数测量，从图 9.35 可以看出，交流电压放大倍数为 3.6 倍。

频率响应，对该电路进行 1Hz~100MHz 的频率扫描，得到图 9.36 所示结果，需要指出的是，仿真软件自动将信号源归一化为单位信号，因此幅频特性曲线的纵轴就代表输出相对于电源的放大倍数。从图 9.36 中可以看出，此电路的通频带为 90Hz~700kHz。

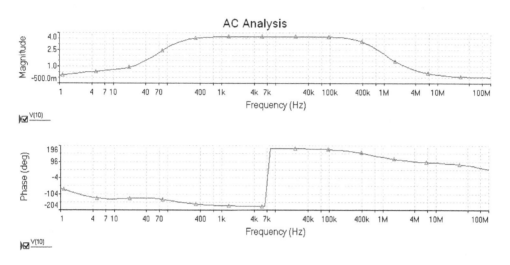

图 9.36　频率特性

输入输出电阻测量，输入电阻测量：如图 9.37 所示，根据输入端测得的电压和电流，可以计算出输入电阻。输入端点电压 0.186mV；输入端电流 0.052μA。推算输入电阻为 3.57kΩ。

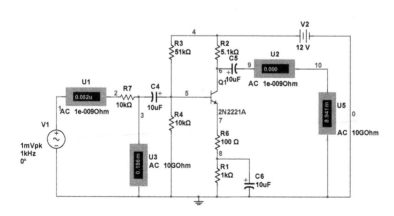

图 9.37　输出端开路

输出电阻测量：先用图 9.37 所示电路测量输出端开路电压为 8.941mV。图 9.33 所示负载电压为 2.568mV；其电流为 1.070μA。因此可以推算出输出电阻为 5.956kΩ。

【实例 9.7】两级放大器负反馈分析，如图 9.38 所示。

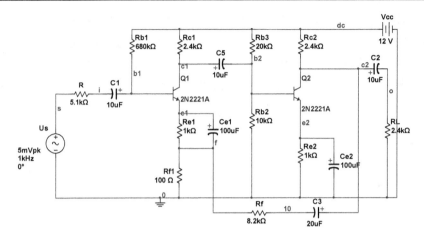

图 9.38　两级放大器负反馈电路的原理图

1. 理论分析

两级电路仍然先分析直流工作点，再提取交流电路模型。分析交流信号的相关参数。方法类同，不再复述。

2. 仿真分析

测量静态工作点，利用图 9.38 所示电路，直接输入计算机软件，可以分析其直流工作点。结果如图 9.39 所示。

	DC Operating Point	
1	@qq1[ic]	1.22380 m
2	@qq1[ib]	14.72522 u
3	@qq2[ic]	2.88692 m
4	@qq2[ib]	59.58120 u
5	V(c2)	5.07139
6	V(b2)	3.60279
7	V(e2)	2.94650
8	V(c1)	9.06290
9	V(b1)	1.98688
10	V(e1)	1.36237

图 9.39　静态工作点测量

测量放大器的各项性能指标。

1)测量电压放大倍数 A_v、输入电阻 R_i 和输出电阻 R_o

以 $f=1kHz$，放大器输入峰值为 5mV 的正弦信号 U_s 为例，用示波器观测输出端波形，在波形不失真的情况下，测量 U_s、U_i，含负载电压 U_l 和负载开路电压 U_o，结果如图 9.40 和图 9.41 所示。

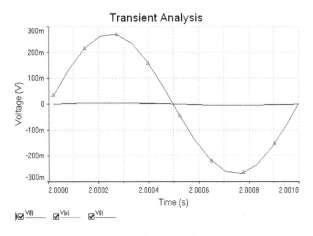

图 9.40　含负载工作电压测量

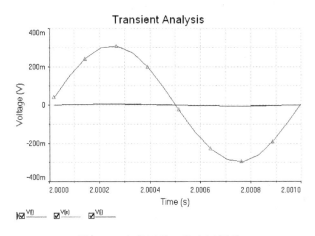

图 9.41　负载开路工作电压测量

同样保证波形不失真，测量无反馈 (R_f 开路)时的 U_s、U_i，含负载电压 U_L 和负载开路电压 U_o，结果如图 9.42 和图 9.43 所示。

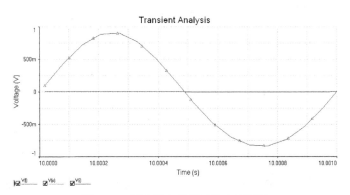

图 9.42　无反馈含负载工作电压测量

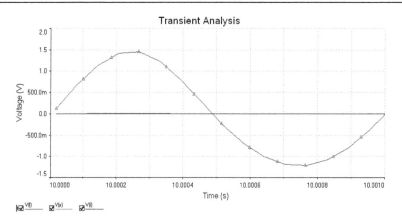

图 9.43　无反馈无负载工作电压测量

从图 9.40~图 9.43 可以计算出电路放大倍数和输入输出参数如表 9.1 所示。

表 9.1　实验结果

基本放大器	U_s/mV	U_i/mV	U_L/V	U_o/V	A_V	$R_i/\text{k}\Omega$	$R_o/\text{k}\Omega$
	3.535	2.313	0.620	0.950	268	5.74	1.277
负反馈放大器	U_s/mV	U_i/mV	U_L/V	U_o/V	A_{Vf}	$R_{if}/\text{k}\Omega$	$R_{of}/\text{k}\Omega$
	3.535	3.09	0.192	0.211	62	35.5	0.2375

可以看出，负反馈降低了放大倍数，但是提高了输入电阻。

2) 测量通频带

无反馈放大器幅频特性曲线如图 9.44 所示，可以看出通频带为 40Hz~500kHz。

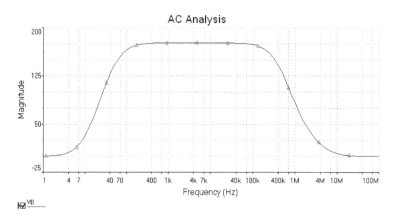

图 9.44　无负反馈放大电路幅频特性曲线

负反馈放大器幅频特性曲线如图 9.45 所示，可以看出通频带为 14Hz~2MHz。

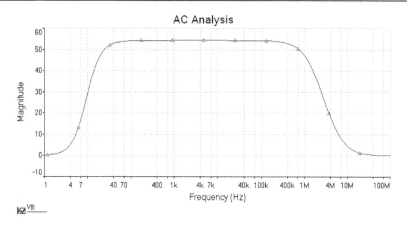

图 9.45　负反馈放大电路幅频特性曲线

比较两个幅频特性曲线可以看出负反馈拓宽了通频带。

【实例 9.8】反馈参数对放大器特性影响分析。将图 9.33 中反馈电阻 R_6 的参数值改为 1Ω，如图 9.46 所示。

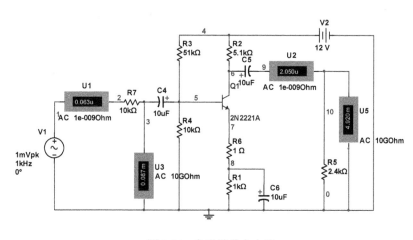

图 9.46　负反馈放大电路

实例 9.8

1．理论分析

定性分析，当 R_6 减小为 1Ω 时，显然反馈量减小，按反馈理论，反馈的效应也随之减小。具体减小多少，观察仿真分析。

2．仿真分析

1）对放大倍数的影响

减小反馈电阻之后的工作波形如图 9.47 所示。

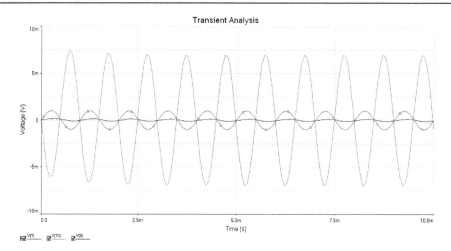

图 9.47　工作波形

与图 9.35 进行比较可以看出，反馈参数变小后，放大倍数有所提升。

2) 对通频带的影响

从图 9.48 可以看出，此时的通频带为（从图 9.36 所示的 90Hz~700kHz 缩小到）180Hz~380kHz。

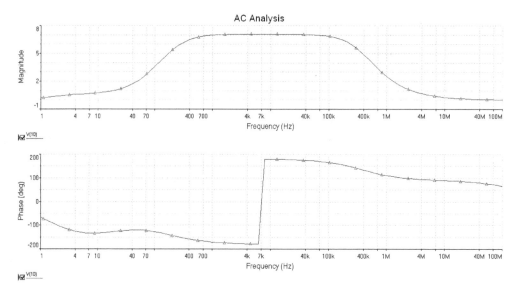

图 9.48　频率特性

3) 对输入电阻的影响

从图 9.46 可以计算出输入电阻：显然比改变反馈电阻值前降低了。可见 R_6 作为交流电路串联负反馈元件能起到提高输入电阻，扩展通频带的作用，但是放大倍数降低了。随着反馈参数（本例中的 R_6 阻值）的增加，输入电阻会进一步提高，通频带进一步扩展，但是放大倍数也会被拉低。

【**实例 9.9**】负反馈提高放大倍数稳定性。将图 9.38 的负载电阻由 2.4kΩ 变为 2.0kΩ，分别测量变化前后有反馈和无反馈时的电压放大倍数相对变化量。

仿真分析：

负反馈电路输出电压峰值由 0.27V（图 9.40）降到 0.264V（图 9.49），可见电压放大倍数由 0.27/0.005=54 降到 0.264/0.005=52.8。相对变化量为 (54–52.8)/54=2.2%。

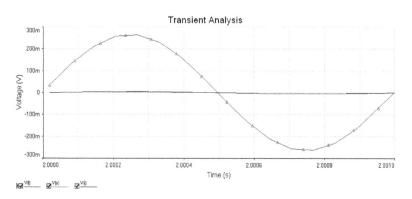

图 9.49　负反馈电路负载电阻减小时的输出波形

无反馈电路输出电压峰值由 0.904V（图 9.42）降到 0.842V（图 9.50），可见电压放大倍数由 0.904/0.005=180 降到 0.842/0.005=168。相对变化量为 (180–168)/180 = 6.6%。

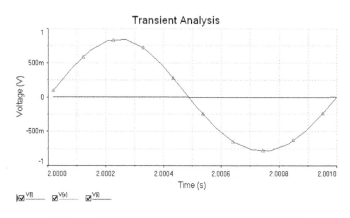

图 9.50　无反馈电路负载电阻减小时的输出波形

在有负反馈时，由负载电阻值变化引起的放大倍数相对变化量 (2.2%) 要小于无负反馈时的相对变化量 (6.6%)，即负反馈能稳定放大倍数。同样负反馈能够在温度变化、器件参数变化时稳定放大倍数，但这是靠牺牲放大倍数获得的。

1）扩展通频带

引入负反馈之后往往能够扩展放大器的通频带。

2）抑制噪声，提高信噪比

利用虚拟仪器 Distortion analyzer-XDA1 分别测量图 9.38 中无负反馈和有负反馈时的输出端信号的信噪比，结果如图 9.51 和图 9.52 所示。负反馈电路能抑制噪声，提高电路信噪比。

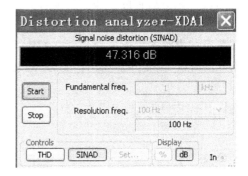

图 9.51　无负反馈时信噪比　　　　　图 9.52　负反馈电路信噪比

训　练　题

1. 分析仿真一个共射晶体管放大器。
2. 分析仿真一个 MOS 管共源放大器。
3. 分析仿真一个两级负反馈放大电路。
4. 分析仿真一个甲类功率放大器。
5. 分析仿真一个乙类功率放大器。

第 10 章　电路的功率分析

功率是电路设计中一个重要物理量。电路中电流流动也是一种能量流动，能量流动的重要技术指标可以用功率表达。例如，在电力传输系统中，功率是重要的技术指标。在电子信息系统的某些电路中，功率也是重要技术指标，如功率放大器。因此功率的分析也是电路分析的重要内容。以下还是通过一些实例来讨论功率的分析。

10.1　电路功率分析

当电压、电流采用关联参考方向时，二端元件或二端网络吸收的功率为

$$p = ui$$

电路分析习惯约定关联参考方向，当 $p(t)>0$ 时，网络实际吸收(消耗)功率；当 $p(t)<0$ 时，网络实际发出(产生)功率。由于能量必须守恒，对于一个完整的电路，在任一时刻，所有元件吸收功率的总和必须为零。

直流电时，功率是稳定值；交流电时，功率是变化函数，因此，交流电习惯采用平均功率表达。以下通过实例进行分析。

【实例 10.1】 分析图 10.1 所示电路中各元件消耗的功率。

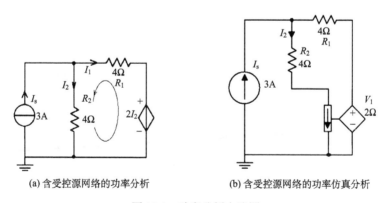

(a) 含受控源网络的功率分析　　　(b) 含受控源网络的功率仿真分析

图 10.1　功率分析电路图

1. 理论分析

如图 10.1(a)所示，对 R_1、R_2 及由受控源组成的回路，按照逆时针绕行方向列写 KVL 方程

$$4I_1 - 4I_2 + 2I_2 = 0$$

对电流源、电阻 R_1、R_2 连接点满足 KCL 方程

$$I_2 = 3 - I_1$$

联立解得

$$I_1 = 1\text{A} , \quad I_2 = 2\text{A}$$

独立电流源吸收功率为

$$P_{3\text{A}} = -4I_2 \times I_\text{S} = -24\text{W}$$

计算结果小于 0，说明独立电流源实际发出 24W 功率。

其他元件吸收功率为

$$P_{2I_2} = I_1 \times (2I_2) = 4\text{W} , \quad P_{R_1} = I_1^2 \times R_1 = 4\text{W} , \quad P_{R_2} = I_2^2 \times R_2 = 16\text{W}$$

受控源、电阻的功率计算结果均大于 0，说明这三个元件实际吸收功率。

所有元件的功率代数和为：$\Sigma P = 0$。符合功率守恒定律。

2. 仿真分析

打开 Multisim 软件，按照图 10.2 连接直流电流源、电阻、电流控制电压源及功率表。其中，功率表中测电压的两个端钮与元件并联连接，测电流的两个端钮与元件串联连接，并保持电压与电流为关联参考方向。

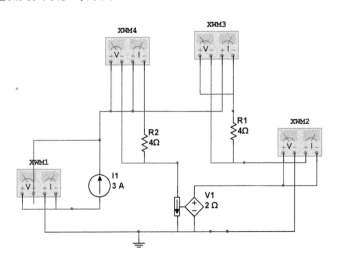

图 10.2　功率分析电路仿真连接图

检查确认无误，运行仿真软件，仿真结果如图 10.3 所示。

由仿真结果可知，独立电流源发出 24W 功率，2 个电阻消耗的功率分别为 16W 和 4W，受控源消耗的功率为 4W。电路中所有元件的功率代数和为 0。仿真结果与理论分析一致。

电力传输线损耗问题是电力系统中常见现象。因为导线存在的电阻，当有电流流过时，一部分电能转化为电热而损失掉。传输线损耗与线路的长度、线路的截面面积、电压等级、输送的功率及温度有关系。

设输电电流为 I，输电线的电阻为 R，则传输线功率损失为

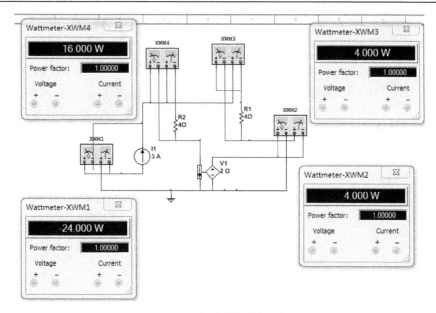

图 10.3   电路功率仿真分析

$$\Delta P = I^2 R$$

根据电阻定律，输电线的电阻为

$$R = \rho \frac{l}{S}$$

式中，ρ 为电阻率；l 为导体长度；S 为导体的横截面积。因此，传输线功率损失可表示为

$$\Delta P = I^2 \rho \frac{l}{S}$$

假设线路输送的总功率为 P，输电电压为 U，在用电设备为纯电阻性的情况下，可以计算线路电流为

$$I = \frac{P}{U}$$

传输线功率损耗又可表示为

$$\Delta P = \frac{P^2 \rho l}{U^2 S}$$

即传输线功率损耗与传输功率的平方、传输线材料的电阻率、传输线长度成正比，与输电电压的平方、传输线材料的横截面积成反比。

在输送功率一定的情况下，减少输电线上的功率损耗方法如下。

(1) 减小输电线材料的电阻率 ρ。银的电阻率最小，但价格昂贵，目前输电工程选用储量丰富、加工简单、方便、价格适中、电阻率较小的铜或铝作为输电线。一般来说，减小输电线的长度 l，也可以减少线路的功率损耗，但是，因为要保证输电距离，所以该方法实际不可行。

(2)增加导线的横截面积，可适当增大输电线的横截面积。太粗不可能，既不经济架设又困难。

(3)提高输电电压 U。输电线路的功率损耗与输电电压的平方成反比，通过提高输电电压来减少线路损耗的效果最明显，这就是大功率、远距离输电工程中必须采用高压输电的原因。

根据目前常用的输电模式设置参数，通过仿真来验证影响电力传输线损耗大小的因素。

【实例 10.2】假设电力输电系统为单相 50Hz 正弦交流电路，负载为纯电阻性，输电功率一定，总功率为 110kW，采用 35kV 的电压输电，传输线采用铜传输线（电阻率 $\rho = 1.7 \times 10^{-8}\Omega \cdot m$），传输线截面积为 0.3cm^2，传输距离分别为 10km 和 1km，计算线路损耗功率。

1. 理论分析

当传输距离分别为 10km 时，考虑双向传输线，线路等效电阻为

$$\Delta R_1 = 1.7 \times 10^{-8} \times \frac{10 \times 10^3}{0.3 \times 10^{-4}} \times 2 = 11.33(\Omega)$$

线路消耗功率为

$$\Delta P_1 = \frac{P^2 \rho l}{U^2 S} = \frac{(110 \times 10^3)^2 \times 1.7 \times 10^{-8} \times 10 \times 10^3 \times 2}{(35 \times 10^3)^2 \times 0.3 \times 10^{-4}} = 112.1(\text{W})$$

传输距离分别为 1km 时，考虑双向传输线，线路等效电阻为

$$\Delta R_2 = 1.7 \times 10^{-8} \times \frac{1 \times 10^3}{0.3 \times 10^{-4}} \times 2 = 1.13(\Omega)$$

所以，线路消耗功率为

$$\Delta P_2 = \frac{P^2 \rho l}{U^2 S} = \frac{(110 \times 10^3)^2 \times 1.7 \times 10^{-8} \times 1 \times 10^3 \times 2}{(35 \times 10^3)^2 \times 0.3 \times 10^{-4}} = 11.21(\text{W})$$

2. 仿真分析

启动并打开 Multisim 软件，按照图 10.4 所示连接交流电压源、电阻和功率表，为了使电源输出功率达到 110kW，图中 R_1 代表线路等效电阻，R_2 代表负载，设置为 11.1kΩ。

计算机仿真分析结果如图 10.5 中功率表显示数值。图 10.5(a)中功率表 1 的读数为 112.12W，说明 10km 距离传输线路等效电阻从电源中吸收功率，转化成热能损失掉。功率表 2 的读数为-110.248kW，说明电源为线路输出功率。

图 10.5(b)中功率表 1 的读数为 10.934W，说明 1km 距离传输线路等效电阻从电源中吸收功率，转化成热能损失掉。功率表 2 的读数为-110.349kW。

仿真结果与理论计算一致，说明传输距离越长，传输线损耗越大。

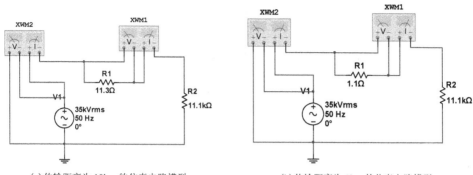

(a)传输距离为10km 的仿真电路模型   (b)传输距离为1km 的仿真电路模型

图 10.4 传输线损耗大小与传输距离的关系仿真电路

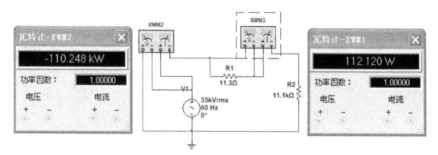

(a)传输距离为 10km 的仿真分析结果

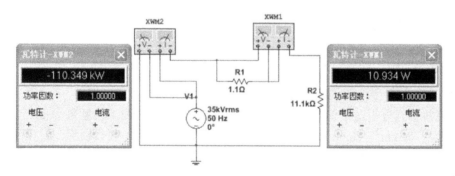

(b)传输距离为 1km 的仿真分析结果

图 10.5 传输线损耗大小与传输距离的关系仿真结果

【实例 10.3】输电功率为 110kW，采用 35kV 的电压输电，传输线用铜传输线（电阻率 $\rho = 1.7 \times 10^{-8}\Omega \cdot m$），传输线截面积分别为 0.3cm^2 和 0.5cm^2。传输距离为 10km 时，分析传输线路上的功率损耗。

1. 理论分析

传输线截面积为 0.3cm^2 时，考虑双向传输线，如前面计算，线路的等效电阻为

$$\Delta R_1 = 11.33\Omega$$

线路消耗功率为

$$\Delta R_1 = \frac{P^2 \rho l}{U^2 S} = 112.1(\text{W})$$

传输线截面积为 0.5cm^2 时，考虑双向传输线，则等效电阻为

$$\Delta R_3 = 1.7 \times 10^{-8} \times \frac{10 \times 10^3}{0.5 \times 10^{-4}} \times 2 = 6.8(\Omega)$$

线路消耗功率为

$$\Delta R_1 = \frac{P^2 \rho l}{U^2 S} = 67.5(\text{W})$$

2. 仿真分析

按照图 10.6 所示连接交流电压源、电阻和功率表。图中 R_1 代表线路等效电阻，R_2 代表负载，设置为 $11.1\text{k}\Omega$。

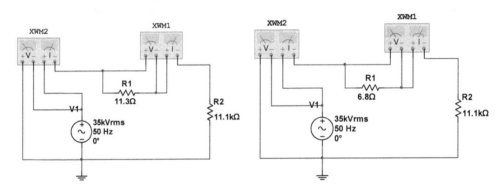

图 10.6　传输线损耗大小与传输线线径的关系仿真电路

计算机仿真分析结果如图 10.7 所示。图 10.7(a) 中功率表 1 的读数为 112.12W，说明横截面为 0.3cm^2、10km 传输距离的线路等效电阻从电源中吸收功率，转化成热能损失掉。功率表 2 的读数为 -110.248kW，说明电源为线路输出功率。

图 10.7(b) 中功率表 1 的读数为 67.525W，说明横截面为 0.5cm^2、10km 传输距离的线路等效电阻从电源中吸收功率，转化成热能损失掉。功率表 2 的读数为 -110.293kW。

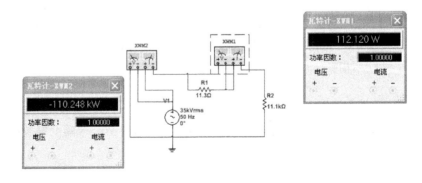

(a) 传输线横截面为 0.3cm^2、距离为 10km 的仿真分析结果

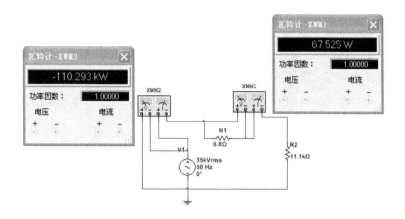

(b) 传输线横截面为 0.5cm² 、距离为 10km 的仿真分析结果

图 10.7　传输线损耗大小与传输距离的关系仿真

仿真结果与理论计算一致，说明传输线越粗（横截面越大），线路损耗越小。

【实例 10.4】输电功率为 110kW，分别采用 35kV 和 110kV 的电压输电，传输线采用铜传输线（电阻率 $\rho = 1.7 \times 10^{-8} \Omega \cdot m$ ），传输线截面积为 0.3cm² ，传输距离为 10km。分析其传输线路上的功率损耗。

1. 理论分析

参考前面计算，电压为 35kV、截面积为 0.3cm² 、传输距离为 10km 时，传输线等效电阻为

$$\Delta R_1 = 11.33\Omega$$

线路消耗功率为

$$\Delta P_1 = \frac{P^2 \rho l}{U^2 S} = 112.1(\text{W})$$

其他条件不变，采用 110kV 的电压输电时，传输线上消耗功率为

$$\Delta P_2 = \frac{P^2 \rho l}{U^2 S} = \frac{(110 \times 10^3)^2 \times 1.7 \times 10^{-8} \times 10 \times 10^3 \times 2}{(110 \times 10^3)^2 \times 0.3 \times 10^{-4}} = 11.3(\text{W})$$

2. 仿真分析

如图 10.8 所示，连接交流电压源、电阻和功率表。图中 R_1 表示线路等效电阻， R_2 表示负载等效电阻，为了实现 110kW 传输总功率不变，在两种不同的输电电压下，将 R_2 分别设置为 11.1kΩ 和 109.8kΩ 。

计算机仿真分析结果如图 10.9 所示。图 10.9(a)中功率表 1 的读数为 112.12W，说明输电电压为 35kV、横截面为 0.3cm² 、传输距离为 10km 的线路等效电阻从电源中吸收功率，转化成热能损失掉。功率表 2 的读数为–110.248kW，说明电源为线路输出功率。图 10.9(b)中功率表 1 的读数为 11.339W，说明输电电压为 110kV、横截面为 0.3cm² 、传

输距离为 10km 的线路等效电阻从电源中吸收功率，转化成热能损失掉。功率表 2 的读数为–110.189kW。

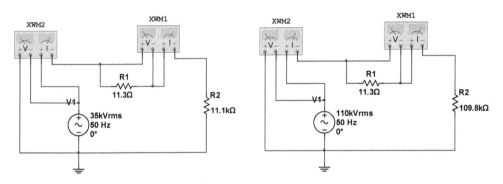

图 10.8　传输线损耗大小与传输电压等级的关系仿真电路

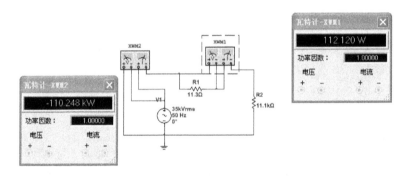

(a)输电电压为 35kV 时传输线路损耗的仿真分析结果

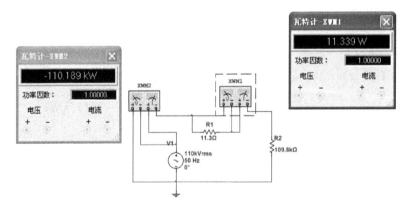

(b)输电电压为 110kV 时传输线路损耗的仿真分析结果

图 10.9　传输线损耗大小与传输电压等级的关系仿真结果

仿真结果与理论计算一致，说明输电电压越低，传输线损耗越大。

输电线路损耗与线路材质（ΔP 与线路导体材料电阻率 ρ）的关系，这里就不再分析了。

10.2　最大平均功率传输

前面已经介绍了最大功率传输定理。对交流而言，功率是变化的，因此一般表达最大平均功率。交流电能在日常生活及各种生产过程中应用广泛，正弦交流的分析在电路分析课程体系中占有重要地位，而交流功率的分析又是交流电路分析的重要部分。利用 Multisim 软件，可以对各种交流电路的功率进行仿真分析，可以加深理解各种交流功率的分析与计算方法。

【实例 10.5】图 10.10 是最大平均功率传输电路示意图。电源 V_1 的电压有效值为 4V，频率为 60Hz，R_1 和 R_2 的阻值分别为 2kΩ 和 3kΩ，滑动变阻器 R_3 的阻值为 20kΩ，I_1 为受控源(电压控制电流源)。滑动变阻器 R_3 什么时候可以获得最大的输出功率？

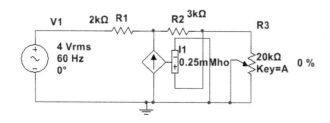

图 10.10　最大平均功率传输电路示意图

1. 理论分析

电路的激励源是正弦交流，但电路的其他部分，包括受控源也可以等效为电阻，所以此处的分析可以不必转换成相量，就用峰值或有效值分析即可。

应用最大功率传输定理可知图 10.10 所示的电路，滑动变阻器 R_3 什么时候可以获得最大的输出功率——只要 R_3 等于断开 R_3，从二端网络看进去的等效内阻。

具体分析步骤如下。

(1)求 U_{oc} 开路电压(有效值)。当 R_3 两端开路时，受控源 I_1 两端电压为 U_{oc}，$I_1 = 0.25 \times 10^{-3} V_{R_3}$，且必定流过电阻 R_1，流过电阻 R_2 的电流为 0。运用 KVL：$-4 + 2 \times 10^3 \left(-\dfrac{U_{oc}}{4000} \right) + U_{oc} = 0$，求得 $U_{oc} = 8$V。

(2)求短路电流 I_{sc}(有效值)。由于有受控源的存在，不能直接将电阻合并计算单口网络的等效电阻，可以用开路电压除以短路电流方法来计算等效电阻。需要直接将 R_3 短路，此时的受控源的电流为零(相当于开路)，因此 $I_{sc} = \dfrac{V_1}{R_1 + R_2} = \dfrac{4}{5k} = 0.8$(mA)。

(3)求出等效阻抗，并得到戴维宁等效电路。等效电阻 $R_{TH} = \dfrac{U_{oc}}{I_{sc}} = \dfrac{4}{0.8 \times 10^3} = 10$(kΩ)。原电路的戴维宁等效电路如图 10.11 所示。

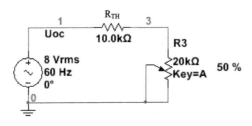

图 10.11　戴维宁等效电路

（4）根据最大功率传输定理可知，当 $R_3 = 10\,\text{k}\Omega$ 时，可获得最大功率，为

$$P_{\max} = \frac{U_{\text{oc}}^2}{4R_{\text{TH}}} = \frac{8^2}{4 \times 10\,\text{k}} = 1.6(\text{mW})\,。$$

2. 仿真分析

用 Multisim 仿真，验证理论分析的正确性。

启动 Multisim 软件之后，从元器件库中分别找到电压源、电阻、功率表、滑动变阻器以及受控源，并放上功率表，参考图 10.10 连接仿真电路如图 10.12 所示。检查核实，确定电路连接正确无误之后，就可以运行软件，双击功率表，观察功率表的读数。

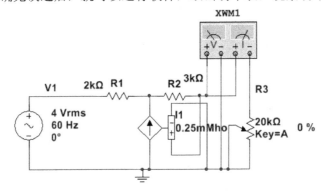

图 10.12　最大功率传输连接电路示意图

当 R_3 的阻值为 $10\text{k}\Omega$ 时，刚好满足最大功率输出条件，功率表示数参考图 10.13，输出功率为 1.6mW，功率因数为 1。仿真结果与理论计算一致。

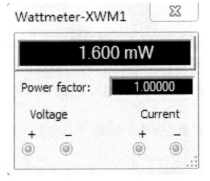

图 10.13　R_3 为 $10\text{k}\Omega$ 时的功率

　　调整滑动变阻器 R_3 的阻值等于 20kΩ，这个时候不满足最大功率传输准则，观察功率表读数为 1.442mW，小于 1.6mW（图 10.14），功率因数还是 1。

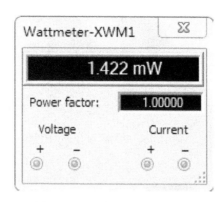

图 10.14　R_3 为 20kΩ 时的功率

　　同理，调整滑动变阻器 R_3 的阻值使之小于 10kΩ，这个时候也不满足最大功率传输准则，观察功率表读数始终小于 1.6mW，功率因数还是 1。

　　综合以上仿真分析，验证了最大功率传输定理的正确性。从以上的分析可以看出，此例题虽然是正弦交流激励，但是纯电阻网络，分析计算方法，除了电压、电流应该是有效值，与直流电路没什么区别。

　　如图 10.15 所示，对于含源的线性单口网络(含电阻、电容、电感、受控源)，向可变负载 Z_L 传输最大功率的条件又怎样呢？

　　含源线性单口网络的等效阻抗 $Z_{eq} = R_{eq} + j X_{eq}$，称为内阻抗；$Z_L = R_L + j X_L$，称为负载阻抗。可以证明当电路参数满足 $Z_{eq} = Z_L^*$，即满足 $R_{eq} = R_L$，$X_{eq} = -X_L$ 时，电路呈纯电阻性，即共轭匹配。此时负载获得最大有功功率：$P = \dfrac{U_{oc}^2}{4R_{eq}}$。式中，$U_{oc}$ 是断开负载后，含源线性单口网络(含电阻、电容、电感、受控源)的开路电压的有效值。

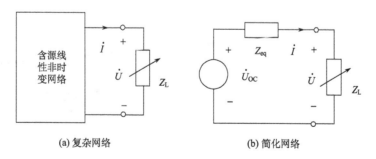

(a) 复杂网络　　　　　　　　　　　　　(b) 简化网络

图 10.15　交流电路最大功率传输定理

　　【实例 10.6】共轭匹配电路图参考图 10.16。在电路分析中，常会遇到电路的共轭匹配的问题，即负载等于电路输出阻抗的复共轭的时候满足最大功率输出。

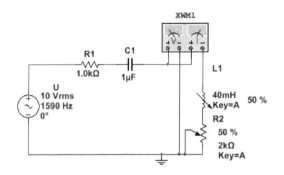

图 10.16　共轭匹配电路原理图

1. 理论分析

在图 10.16 中 R_1 为 1kΩ，C_1 为 1μF，L_1 为 40mH 的可调电感，R_2 为滑动变阻器，阻值为 2kΩ。这里共轭匹配分析就是寻找 R_2 何时分配到最大功率。在使用 Multisim 仿真的过程中将要使用自带的功率表来判断电路是否满足共轭匹配。

电阻 R_1 和电容 C_1 为电压源的等效阻抗 $Z_{eq} = R_1 + jX_{C_1}$，称为内阻抗，$Z_L = R_2 + jX_{L_1}$，称为负载阻抗，可以证明当电路参数满足 $Z_{eq} = Z_L^*$，即满足 $R_1 = R_2$，$X_{C_1} = -X_{L_1}$ 时，电路满足共轭匹配。当激励源有效值为 10V 时，负载获得的最大有功功率 $P = \dfrac{U_S^2}{4R_1} = 25\text{mW}$。

由图 10.16 中参数（C_1 为 1μF，L_1 为 40mH）可知，激励信号源的频率与元件参数满足 $\omega = \dfrac{1}{\sqrt{LC}} = 5000\text{rad/s}$。也就是说，激励源的角频率为 5000rad/s，$R_2 = R_1 = 1\text{kΩ}$ 时，电路发生共轭匹配，R_2 上获得最大功率。

如果给定激励源的频率 $f = 1590\text{Hz}$，只要调节电感量，使之满足 $\omega = 2\pi f = \dfrac{1}{\sqrt{LC}}$，使电路共轭匹配。如果 R_1 阻值不变，则负载获得的最大有功功率也不变。

2. 仿真分析

参考图 10.16 连接仿真电路图，利用图中的可变电感 L_1 和滑动变阻器 R_2 组成负载 Z_L，电阻 R_1 和电容 C_1 为电压源的等效阻抗 Z_{eq}。交流电压源的频率为 1590Hz，电容为 1μF，可变电感为 40mH。调整电感大小，使感抗等于容抗，再调整滑动变阻器的位置，使其满足最大功率传输条件。双击功率表观察功率表示数的变化，参考图 10.17。理论上最大功率应该为 25mW，如果出现偏差，则可能为容抗和感抗的大小不准确。

进一步调整滑动变阻器和可调电感的大小，观察功率因数和有功功率的变化。调整滑动变阻器阻值为零的

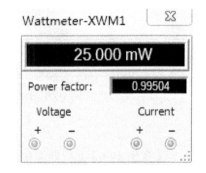

图 10.17　达到匹配时的功率

时候，功率因数变为零，输出功率约为 0（12.566nW）。仿真结果如图 10.18 所示。再调整滑动变阻器阻值为最大，输出功率约为 23.660mW（<25mW）。仿真结果如图 10.19 所示。仿真结果与理论分析相吻合。

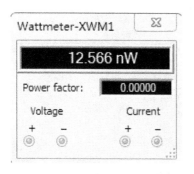 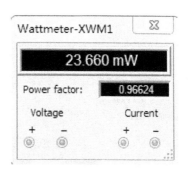

图 10.18　负载电阻为 0 的功率　　　　图 10.19　负载电阻为 2kΩ 的功率

10.3　三相电功率分析

电力系统中，电能的产生、输送和分配等绝大多数都采用三相制。三相电力系统一般由三相电源、三相负载及三相输电线路组成，其中三相电源与三相负载均可连接为 Y 形或 Δ 形。三相电路的分析是正弦交流电路分析的重要部分，以下利用 Multisim 软件对 Y-Y 连接及 Y-Δ 连接的三相电路进行简要仿真分析。

如图 10.20 所示，三相交流电路的总功率：

$$P = P_A + P_B + P_C = U_A I_A \cos\varphi_A + U_B I_B \cos\varphi_B + U_C I_C \cos\varphi_C$$

一般情况下，三相交流电路的电源是对称的，三相负载不一定是对称的，所以三相功率一般不相等，要想测量三相总功率，如图 10.20（a）所示，在每一相负载接一个功率表，三个表的功率显示值相加就是总的功率值。这种测量总功率的方法称为三表法，三表法适用于所有三相交流电路，无论电源、负载是否对称，是 Y 形连接还是 Δ 形连接都实用。

如果三相电源和负载都对称，则 $P = P_A + P_B + P_C = 3P_A = 3U_A I_A \cos\varphi_A$，所以可以用一只功率表测量三相总功率，这种方法称为一表法。

在交流三相电路中普遍适用的是两表法测量三相总功率，可以证明三相总功率：
$P = U_{AC} I_A \cos(\varphi_{U_{AC}} - \varphi_{I_A}) + U_{BC} I_B \cos(\varphi_{U_{BC}} - \varphi_{I_B})$。

一只功率表的电压端钮并接在 A、C 相线之间，电流端钮串接在 A 相的相线上，则表的读数 $P_1 = U_{AC} I_A \cos(\varphi_{U_{AC}} - \varphi_{I_A})$。同理，另一只功率表的电压端钮并接在 B、C 相线之间，电流端钮串接在 B 相的相线上，则表的读数 $P_2 = U_{BC} I_B \cos(\varphi_{U_{BC}} - \varphi_{I_B})$。三相总功率：$P = P_1 + P_2$。这就是测量三相总功率的两表法。

其实可以证明两功率表接在 A、B 和 C、B 之间（A、C 对 B）或接在 B、A 和 C、A 之间（B、C 对 A）结论也是一样。

实例 10.7 单表法

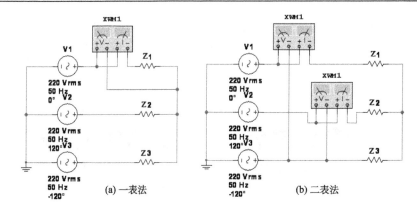

图 10.20   三相电功率的测量方法

【实例 10.7】电路参考图 10.21，分析计算 Y-Y 连接电路的功率。

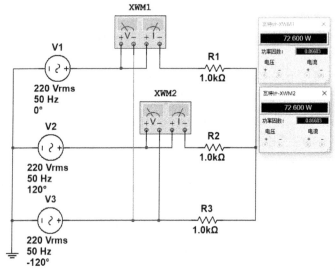

图 10.21   两表法测三相电路功率

实例 10.7 两表法

1. 理论分析

图 10.21 所示电路是对称三相交流电路，三相总功率为

$$P = 3P_1 = 3\frac{U_1^2}{R_1} = 3 \times \frac{220^2}{1\mathrm{k}} = 145.2(\mathrm{W})$$

（1）利用一表法测量总功率，在三相负载任意一相接一只功率表，将其读数乘以 3 即可。

（2）三表法更简单，在每相负载接一只功率表，三表功率之和即为三相总功率。

（3）利用两表法测量三相总功率，设第一只表接在 A、C 相线间，则

① $\dot{U}_{\mathrm{AC}} = \dot{U}_{\mathrm{A}} - \dot{U}_{\mathrm{C}} = 220\angle 0° - 220\angle 120° = 220\sqrt{3}\angle -30°$。

② $\dot{I}_A = \dfrac{\dot{U}_A}{R_A} = \dfrac{220\angle 0°}{1k} = 0.22\angle 0°A$。

③接在 A、C 相线间功率表的读数为

$$P_1 = U_{AC}I_A \cos(\varphi_{U_{AC}} - \varphi_{I_A}) = 220\sqrt{3} \times 0.22 \times \cos(-30°) = 72.6(\text{W})$$

假设第二只表接在 B、C 相线之间，同理，可以算出功率表的读数。

① $\dot{U}_{BC} = \dot{U}_B - \dot{U}_C = 220\angle -120° - 220\angle 120° = 220\sqrt{3}\angle -90°$。

② $\dot{I}_B = \dfrac{\dot{U}_B}{R_B} = \dfrac{220\angle -120°}{1k} = 0.22\angle -120°A$。

③ $P_2 = U_{BC}I_B \cos(\varphi_{U_{BC}} - \varphi_{I_B}) = 220\sqrt{3} \times 0.22 \times \cos 30° = 72.6(\text{W})$。

三相总功率：$P = P_1 + P_2 = 72.6 + 72.6 = 145.2(\text{W})$。

2. 仿真分析

（1）创建仿真电路。从元器件库中选择三相对称电源 V_1、V_2 和 V_3，连接为 Y 形；选择三相对称负载(选择为纯电阻负载，各相的电阻均设定为 $1k\,\Omega$)，连接为 Y 形。

一表法测功率。对于对称三相电路，三相功率是相等的，所以只要测量一相的功率乘以 3 即得三相总功率。如图 10.22 所示，选择任意一只表乘以 3 都可以得到总功率。

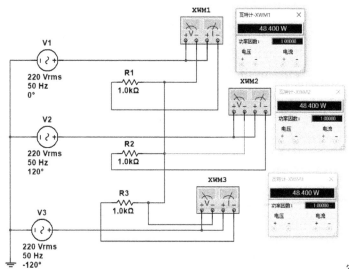

图 10.22　三表法测三相电路功率

两表法测量三相电路功率，可选择功率表 XWM1 和 XWM2，将功率表 XWM1 的电压端钮并接在 A、C 两相之间、电流端口串接入 A 相；将功率表 XWM2 的电压端钮并接在 B、C 两相之间、电流端口串接入 B 相，如图 10.21 所示。

三表法测量三相电路功率，则可选择功率表 XWM1、XWM2 与 XWM3。将 XWM1 的电流端口串接入 A 相、电压端口并接到 A 相负载；XWM2 的电流端口串接入 B 相、电压端钮并接到 B 相负载；XWM3 的电流端口串接入 C 相、电压端口并接到 C 相负载，如图 10.22 所示。

(2)三相电路功率仿真分析。若采用一功率表测量三相总功率，如图 10.22 所示，则三只功率表 XWM1、XWM2 与 XWM3 读数一样。三相总功率为任意一只表的读数乘以 3，即 $P = 3P_1 = 3 \times 48.4 = 145.2(\text{W})$。

若采用两功率表测量三相总功率，对于图 10.21 所示仿真电路，单击 RUN 按钮，双击功率表 XWM1 与 XWM2。

仿真结果是：XWM1 读数为 72.600W，功率因数为 0.866；XWM2 读数为 72.600W，功率因数为 0.866。

三相负载消耗的总功率为：72.6+72.6=145.2(W)，与理论分析结果一致。

若采用三功率表测量三相总功率，对图 10.22 所示仿真电路，单击 RUN 按钮，双击功率表 XWM1、XWM2、XWM3。

仿真结果是：XWM1 读数为 48.4W、功率因数为 1.00；XWM2 读数为 48.4W、功率因数为 1.00；XWM3 读数为 48.4W、功率因数为 1.00。

三相负载消耗的总功率为：48.4+48.4+48.4=145.2(W)。

【注意事项】

一表法、两表法和三表法对功率的仿真结果相同。一表法和三表法可以显示各相负载的实际功率和功率因数。

而两表法中每只功率表显示的功率没有意义，只有两只表读数之和才表示三相总功率。

两表法中功率表的功率因数并非每一相负载的功率因数，反映的是对功率表电压端钮与电流端钮相位差的余弦值，不代表功率因数。

两表法中，只要表的端钮连接正确，功率表的读数可能是负值，三相总功率就是读数为正的表的数值减去读数为负的表的数值。最终两个表的和，如果为负值，则说明三相负载向三相电源输出功率。

两表法测量三相总功率对 Y 型，△型连接，电路对称或不对称均适用。

【实例 10.8】 电路参考图 10.23，分析计算三相 Y-△ 连接电路的功率。

1. 理论分析

1)一表法测量功率

电路是对称三相交流电路，三相负载为△连接，可以转化成对称的 Y 连接电路，转换成 Y 后每一相负载为 $R_Y = \dfrac{1}{3}\text{k}\Omega$，一相的功率 $P_A = \dfrac{U_A^2}{R_A} = 145.2\text{W}$，三相总功率：

$P = 3P_A = 435.6\text{W}$。

2)两表法测量功率

设第一只功率表接在 A、C 相线间，功率表的电压为

$$\dot{U}_{AC} = \dot{U}_A - \dot{U}_C = 220\angle 0° - 220\angle 120° = 220\sqrt{3}\angle -30°$$

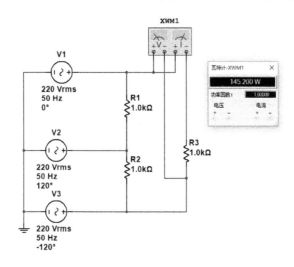

图 10.23　利用一表法测量功率

$$\dot{I}_{A} = \frac{\dot{U}_{A}}{R_{A}} = \frac{220\angle 0°}{(1/3)\text{k}} = 0.66\angle 0°(\text{A})$$

接在 A、C 相线间功率表的读数为

$$P_{1} = U_{AC}I_{A}\cos(\varphi_{U_{AC}} - \varphi_{I_{A}}) = 220\sqrt{3} \times 0.66 \times \cos(-30°) = 217.8(\text{W})$$

设第二只功率表接在 B、C 相线之间，同理，可以算出功率表的读数为

$$\dot{U}_{BC} = \dot{U}_{B} - \dot{U}_{C} = 220\angle -120° - 220\angle 120° = 220\sqrt{3}\angle -90°$$

$$\dot{I}_{B} = \frac{\dot{U}_{B}}{R_{B}} = \frac{220\angle -120°}{(1/3)\text{k}} = 0.66\angle -120°(\text{A})$$

$$P_{2} = U_{BC}I_{B}\cos(\varphi_{U_{BC}} - \varphi_{I_{B}}) = 220\sqrt{3} \times 0.66 \times \cos 30° = 217.8(\text{W})$$

三相总功率：$P = P_{1} + P_{2} = 217.8 + 217.8 = 435.6(\text{W})$。

2. 仿真分析

将三相负载连接为△形，每相负载仍设定为 1kΩ，采用一表法测量三相电路功率，如图 10.23 所示。单击 RUN 按钮，双击功率表 XWM1 读数为 145.2W，功率因数为 1.00000；可得三相负载消耗的总功率为：3×145.2=435.6(W)。与理论分析结果一致。

将三相负载连接为△形，每一相负载仍设定为 1kΩ，采用两表法测量三相电路功率，如图 10.24 所示。

单击 RUN 按钮，双击功率表 XWM1、XWM2。XWM1 读数为 217.8W、功率因数为 0.866；XWM2 读数为 217.8W、功率因数为 0.866。可得三相负载消耗的总功率为 217.8+217.8=435.6(W)。与理论分析结果一致。

结论：对于同一组三相负载，当其分别连接为△形与 Y 形，接在相同的三相电源时，前者消耗的功率是后者的 3 倍，这是因为连接为△形时每一相负载的电压比连接为 Y 形时高。

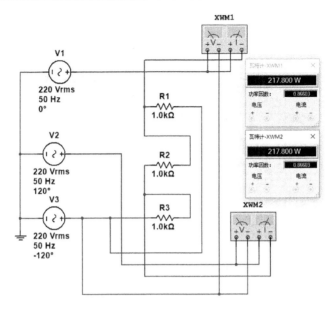

图 10.24　Y-△连接的对称三相电路功率测量

10.4　电机功率分析

电机是各种工农业生产过程中广泛应用的实现电↔机能量转换的装置，主要分为同步电机与异步电机两大类型。其中，同步电机主要作为发电机，将机械能转变为交流电能，异步电机主要作为电动机，将电能转变为机械能，同时带动机械负载旋转或通过传动装置转变为直线运动等。原理上，发电机与电动机是可逆的，即同一台电机既可以作为发电机，发出电功率，又可以作为电动机，消耗电功率。下面以应用广泛的异步电机为例，对交流电机的功率进行仿真分析。

【实例 10.9】电路如图 10.25 所示。分析电机的输出功率。

1. 理论分析

电机的电路模型相当复杂，计算烦琐，这里就结合计算机仿真做些分析与讨论，借助计算机软件分析，打开 Multisim 软件，从其元器件库中选择交流电压源 V_1、V_2、V_3，设定其有效值为 220V，相位分别 0°、-120°、120°，连接为 Y 形，构成 Y 形对称三相电源。再从元器件库中选择鼠笼式异步电机 M_1，将其定子三相绕组与三相电源相连，其转轴与任意机械负载 U_1 相连。采用两表法测量三相总功率，将两个功率表的电流端口分别串接入 A 相与 B 相，将其电压端口分别并联接到 A、C 两相与 B、C 两相，如图 10.25 所示。

从元器件库中，可查出该电机参数为：定子每一相漏电感 1.4mH，定子每一相电阻 0.28Ω；转子每一相漏电感 0.71mH，转子每一相电阻 0.2Ω；励磁电感 51mH，极对数 3（6 极电机）；

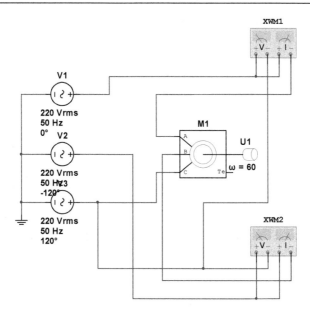

图 10.25 三相异步电机功率测量电路

可知该电机同步转速 $n_1 = \dfrac{60 f_1}{p} = \dfrac{60 \times 50}{3} = 1000(\text{r/min})$ ，式中 f_1 为三相交流电的频率， p 为电机磁极对数。同步角速度 $\omega_1 = \dfrac{2 \times 3.141 \times 1000}{60} = 104.717(\text{rad/s})$ 。

2. 仿真分析

设定该电机旋转的角速度 $\omega = 60\text{rad/s}$ 。单击 RUN 按钮，双击功率表 XWM1、XWM2；XWM1 读数为 82.128kW、XWM2 读数为 25.337kW，电机消耗的总电功率为 107.465kW。

电机旋转的角速度设为 $\omega = 100\text{rad/s}$ 。XWM1 读数为 17.894kW、XWM2 读数为 11.058kW，电机消耗的总电功率为 28.952kW。

将电机旋转的角速度正好设为 $\omega = \omega_1 = 104.717\text{rad/s}$ 。当转子转速等于旋转磁场的同步转速时，转子导体不能切割磁力线，定、转子间没有电磁作用，电机输出功率为零。但是定子有励磁电流存在，有定子电阻消耗功率，所以电机整体消耗的电功率并不为零，仿真结果显示此时电机消耗的功率为 0.15kW，与实际情况相吻合。

将电机旋转的角速度设为超过同步角速度（104.717rad/s）。当转子转速大于旋转磁场的同步转速时，转子导体切割磁力线，定、转子间有电磁相互作用，电机将拖动转子转动的原动力转化为电能（克服定子与转子之间相互作用力，外力对电机做功），电机对外输出电功率。所以电机消耗的功率为负，此时电机实际上已成为发电机，将向电网发出功率，角速度越高，发出功率越多。可由仿真结果验证该结论。

结论：若三相异步电机的转速（或角速度）低于其同步转速，则此时转子鼠笼导体切割定子磁场磁力线，产生作用力驱动转子旋转，定子旋转磁场带动转子转动。电机消耗电网功率，运行于电动机状态，且转速越低，表明电机的负载越重，消耗电功率越多；

若电机转速超过同步转速(超过定子旋转磁场的转速)，则运行于发电机状态，将向电网输送功率，且转速越高，发出功率越大。这种状态的转变也验证了电机可逆的结论。

10.5　功率因数补偿问题

功率因数是电力系统的重要指标，提高功率因数对电力系统有积极意义。功率因数越高，输电线路的功率损耗越小，用户端电压越高，输送相同功率的电能所需变压器的容量越小，故电力部门对电力系统的功率因数有严格的要求。但是，一般情况下，电力系统的负载大多为感性负载，功率因数较低，此时，可采用多种方法提高电力系统的功率因数，最为常用的方法是在负载两端并联电容器。其基本原理是：感性负载消耗无功功率，而电容是发出无功功率，并联电容后，无功功率得到补偿，电力系统的无功功率减少，功率因数得以提高。若电容发出的无功功率刚好等于感性负载吸收的无功功率，则系统的无功功率为零，功率因数提高到 1，故又称无功补偿法。

利用 Multisim 软件可方便地对功率因数补偿问题进行仿真分析。

【实例 10.10】 某电器简化为图 10.26 所示电路，试对电路的功率因数进行分析。

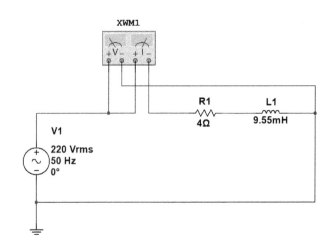

图 10.26　感性负载的功率测量电路

1. 理论分析

电阻电感串联负载分析，负载阻抗为

$$Z_L = R_1 + j\omega L = 4 + j3 = 5\angle\varphi_z$$

令电压为

$$\dot{V}_1 = 220\angle0°\text{V}$$

电流为

$$\dot{I} = \frac{\dot{V}_1}{Z_L} = 44\angle-\varphi_z\text{A}$$

所以，电路的功率因数为

$$\lambda = \cos(\varphi_u - \varphi_i) = \cos\varphi_z = 0.8$$

视在功率为

$$S = V_1 I = 9680 \text{ V·A}$$

电路的有功功率为

$$P = S\cos\varphi_z = 7744 \text{ W}$$

无功功率为

$$Q = S\sin\varphi_z = 5808 \text{ var}$$

在负载上并联电容(并联电容容量为 1μF，容抗为 3183Ω)。

负载阻抗为

$$Z'_L = Z_L // Z_C = -j3183 // (4 + j3) \approx 5\angle\varphi_z$$

可以计算其他物理量变化不大。

假设并联的电容足够大，电容支路发出的无功功率 Q_C 刚好等于电感支路吸收的无功功率，$Q_L = 5808 \text{ Var}$，即 $2\pi f C V_1^2 = 5808 \Rightarrow C = \dfrac{5808}{2\pi f V_1^2} = 382(\mu F)$。此时电路是完全补偿状态，电路的视在功率等于有功功率，无功功率为 0，功率因数为 1。

2. 仿真分析

首先对一般感性负载的功率及功率因数进行简单仿真分析。

在元器件库中选择交流电压源 V_1，设定其有效值为 220V、频率为 50Hz、初相为 0°，再设定感性负载的电阻为 4Ω、电感为 9.55mH(对应的电抗为 3Ω)，将功率表 XWM1 的电流端钮串接在电路输入端、电压端钮并接在负载两端，如图 10.26 所示。

单击 RUN 按钮，再双击功率表 XWM1，其读数为 7.744kW、功率因数为 0.79998(≈0.8)。由理论分析可知，该负载消耗功率为 7.744kW、功率因数为 0.8，与仿真结果基本一致，偏差主要在计算精度上。

现在负载两端并联电容器，若设定并联电容器的电容为 1μF，则仿真结果为：功率表 XWM1 读数 7.744kW、功率因数 0.80073，功率因数大了一点点，几乎没有变化，与理论分析相吻合。

由理论分析可知，图 10.26 的感性负载消耗的无功功率为 5808var，欲将电路的功率因数提高到 1，则并联电容发出的无功功率应为 5808var，相应的电容应为 380μF。

将并联电容设定为 380μF，如图 10.27 所示，单击 RUN 按钮，再双击功率表 XWM1，此时，功率表 XWM1 读数为 7.744kW、功率因数为 0.99999(≈1)，与理论分析一致。

结论：在感性负载两端并联电容器，不改变电路的有功功率，但可减少电路的无功功率，从而提高系统的功率因数。

电路中的电流有效值是最小的，整个供电系统容量(视在功率)利用最高，线路损耗最小，是利用率最好的状态。但在工程中，实际用电设备是随时变化的，电路特性也是随机的，所以很难将电路补偿到功率因数为 1 的状态，所以工程上实际并不追求补偿到最高，而是只需要补偿到 0.8~0.95。

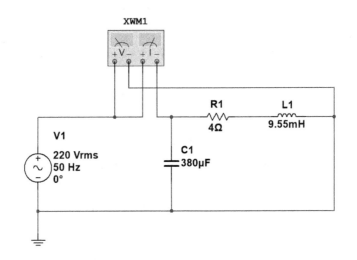

实例 10.10

图 10.27　提高功率因数的无功补偿电路

三相交流电路功率因数补偿分析。电力系统中的用电设备(即负载)包括单相负载和三相负载，日常生活及工作中的用电设备全部是单相负载，其消耗电能只占我国总发电量的小部分；消耗大部分发电量的三相交流电动机则是三相负载。三相交流电动机对电力系统相当于一个三相感性负载，其功率因数较低，如不采用无功补偿提高其功率因数，则会使系统的功率因数降低，对电力系统造成诸多不利影响。提高三相负载的功率因数与单相负载完全一样，也是在每一相负载两端并联电容器，只要将三相负载视为三个完全相同的单相负载，对称三相电路的分析方法就与单相电路完全相同，只需分析其中任意一相。以下利用 Multisim 软件对三相电路的功率因数补偿进行仿真分析。

【实例 10.11】电路如图 10.28 所示。试分析电路的功率因数补偿问题。

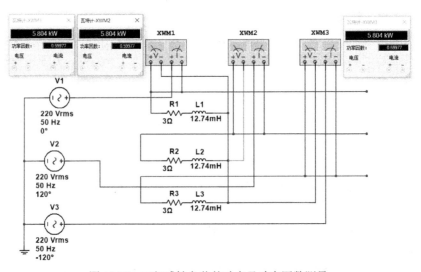

图 10.28　三相感性负载的功率及功率因数测量

1. 理论分析

电阻电感串联负载分析，电路是三相对称电路，按电路理论，可以将电路简化为单相电路分析，可以参考上一个例子，只是参数略有变化。

一相负载阻抗为

$$Z_L = R_l + j\omega L = 3 + j4 = 5\angle\varphi_z'$$

令电压为

$$\dot{V}_1 = 220\angle 0°\text{V}$$

电流为

$$\dot{I} = \frac{\dot{V}_1}{Z_L} = 44\angle -\varphi_z'\text{A}$$

所以，电路的功率因数为

$$\lambda' = \cos(\varphi_u - \varphi_i) = \cos\varphi_z' = 0.6$$

单相的视在功率为

$$S = V_1 I = 9680(\text{V}\cdot\text{A})$$

电路的有功功率为

$$P' = S\cos\varphi_z' = 5808(\text{W})$$

无功功率为

$$Q' = S\sin\varphi_z' = 7744(\text{var})$$

由于电路的对称性，其他各相负载的相应参数也是一样的。

假设在每一相负载并联足够大的电容，电容发出的无功功率 Q_C 刚好等于电感支路吸收的无功功率，$Q_L = 7744$ var，即 $2\pi f C V_1^2 = 5808 \Rightarrow C = \dfrac{7744}{2\pi f V_1^2} = 510(\mu\text{F})$。此时电路是完全补偿状态，电路的视在功率等于有功功率，无功功率为 0，功率因数为 1。

2. 仿真分析

首先对三相电机(以三相感性负载代替)的功率与功率因数进行简单分析。从元器件库中，选择三相对称电源 V_1、V_2 及 V_3，设定有效值为 220V、频率为 50HZ，三相电源的初相依次为 0°、–120°、120°，连接为 Y 形。设定三相感性负载每一相电阻为 3Ω、电感为 12.74mH(相应的电抗为 4Ω)，负载也连接为 Y 形。为测量每一相负载的功率因数，采用三表法，如图 10.28 所示。单击 RUN 按钮，双击功率表 XWM1、XWM2、XWM3。

XWM1 读数为 5.804kW、功率因数为 0.59977。

XWM2 读数为 5.804kW、功率因数为 0.59977。

XWM3 读数为 5.804kW、功率因数为 0.59977。

理论分析结果：每一相负载消耗功率为 5.804kW，每一相负载功率因数为 0.6，与仿真分析结果一致。细微的偏差主要出现在计算精度上。

对三相电机并联电容后的功率与功率因数分析。为提高三相感性负载的功率因数，同样可在每一相负载两端并联电容。现由于负载采用 Y 形连接，与负载并联的三相电容也采用 Y 形连接，如图 10.29 所示。

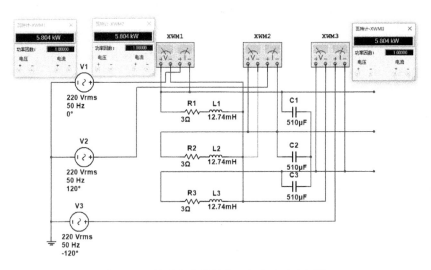

图 10.29　并联电容器提高三相电路功率因数

仿真分析：在图 10.29 中，设定每相电容为 510μF。单击 RUN 按钮，双击功率表 XWM1、XWM2、XWM3。

XWM1 读数为 5.804kW、功率因数为 1.00000。

XWM2 读数为 5.804kW、功率因数为 1.00000。

XWM3 读数为 5.804kW、功率因数为 1.00000。

与理论分析完全一致。

结论：对于三相感性负载，同样可以通过并联三相电容器进行无功补偿以提高功率因数。并联电容后，电路消耗的有功功率不变、无功功率下降，故功率因数提高。若电容器补偿的无功功率刚好等于感性负载消耗的无功功率，则电路总的无功功率为零，功率因数提高到 1。

训　练　题

1. 分析仿真一个 40W 的荧光灯电路。抽象出电路模型，分析平均功率，以及功率因数校正问题。

2. 分析仿真一个 1000V·A 的电机，参数自定。

3. 分析仿真一个三相电的对称与非对称问题，讨论之。

4. 分析仿真一个单频负载的匹配问题。

5. 分析仿真一个三相电的功率因数补偿问题。

第 11 章   简单数字电路分析

随着电子技术的发展，数字化成为主流。数字电路分析也是电路分析的重要内容。以下还是以实例讨论数字电路分析。

11.1   简单逻辑电路

组合逻辑电路是数字电路中最简单的一类逻辑电路，其特点是功能上无记忆，结构上无反馈，即电路任一时刻的输出状态只取决于该时刻各输入状态的组合，而与电路的原状态无关。在逻辑代数中，只有三种基本的运算，即"与"、"或"、"非"。门电路是其中最基本的单元。描述组合逻辑电路逻辑功能的方法主要有逻辑表达式、真值表、卡诺图和逻辑图等。组合逻辑电路分析方法一般是由逻辑图逐级写表达式的，应用卡诺图化简表达式，列出真值表，分析确定电路能完成的逻辑功能。

用 Multisim 软件中的虚拟仪器逻辑转换仪可以方便地进行逻辑函数的各种转换，尤其是多个变量(五个以上)的逻辑函数分析。对于门电路，应用软件进行电路分析更为容易。

11.1.1   与非门

如图 11.1 所示，是二输入与非门的逻辑图和真值表。与非门是执行"与非"运算的基本逻辑门电路。有两个输入端，一个输出端。当所有的输入同时为高电平(逻辑 1)时，输出才为低电平，否则输出为高电平(逻辑 1)。

输入	输入	输出
A	B	Y
0	0	1
0	1	1
1	0	1
1	1	0

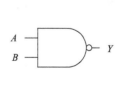

(a) 逻辑图　　　　　　　　　　　(b) 真值表

图 11.1   与非门的逻辑图和真值表

从真值表可以直接写出与非门的逻辑代数式：$Y = \overline{A \cdot B}$。

打开 Multisim 的界面，从库文件中选择 74LS00N 的 A 单元与非门，并在界面右侧虚拟仪器中选择逻辑转换仪，如图 11.2 所示。双击逻辑转换仪，出现控制面板，按下控制面板右侧按钮 ![button] ，得电路真值表，如图 11.2 左上所示。再按下按钮 ![button] ，得电路逻辑最简表达式，如图 11.2 左下所示。

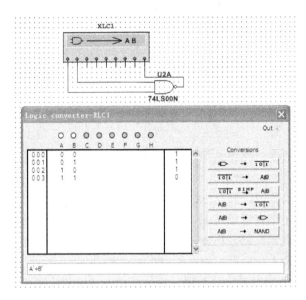

图 11.2　分析软件界面的与非门电路仿真图

11.1.2　或非门

如图 11.3 所示，是二输入或非门的逻辑图、真值表。或非门执行"或非"运算的基本逻辑门电路。有两个输入端，一个输出端。当所有的输入同时为低电平(逻辑 0)时，输出才为高电平，否则输出为低电平(逻辑 0)。

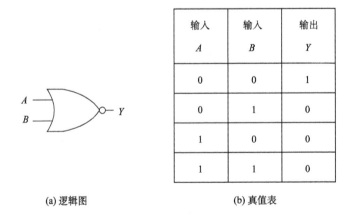

输入 A	输入 B	输出 Y
0	0	1
0	1	0
1	0	0
1	1	0

(a) 逻辑图　　　　　　　　　　　(b) 真值表

图 11.3　或非门的逻辑图和真值表

从真值表可以直接写出或非门的逻辑代数式：$Y = \overline{A + B}$ 。

打开 Multisim 的界面，从库文件中选择 74LS02N 的 A 单元或非门，并在界面右侧虚拟仪器中选择逻辑转换仪，如图 11.4 所示。双击逻辑转换仪，出现控制面板，按下控制面板右侧按钮 ⊐ ▷ → ˥o˥ ，得电路真值表，如图 11.4 左上所示。再按下按钮 ˥o˥ SIMP AΙB ，得电路逻辑最简表达式，如图 11.4 左下所示。

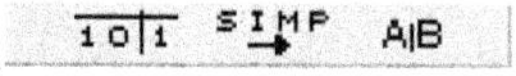

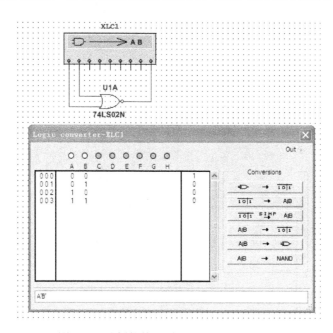

图 11.4 分析软件界面的或非门电路仿真图

11.1.3 异或门

如图 11.5 所示，是二输入异或门的逻辑图、真值表。异或门是执行"异或"运算的基本逻辑门电路。有两个输入端，一个输出端。当两个输入相同时，输出为低电平(逻辑0)，否则输出为高电平(逻辑 1)。

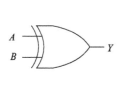

输入	输入	输出
A	B	Y
0	0	0
0	1	1
1	0	1
1	1	0

(a) 逻辑图   (b) 真值表

图 11.5 异或门的逻辑图和真值表

从真值表可以直接写出异或门的逻辑代数式：$Y = A \oplus B = \overline{A}B + A\overline{B}$。

打开 Multisim 的界面，从库文件中选择 74LS86N 的 A 单元异或门，并在界面右侧虚拟仪器中选择逻辑转换仪，如图 11.6 所示。双击逻辑转换仪，出现控制面板，按下控制面板右侧按钮 ⬡ → 10|1 ，得电路真值表，如图 11.6 左上所示。再按下按钮 10|1 SIMP A|B ，得电路逻辑最简表达式，如图 11.6 左下所示。

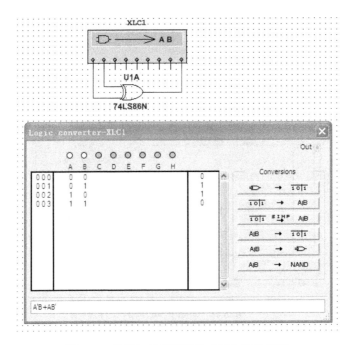

图 11.6　分析软件界面的异或门电路仿真图

结论：查看图 11.2、图 11.4、图 11.6，所有门电路的仿真分析结果都与前面的逻辑门电路真值表和逻辑表达式完全一致，验证了门电路的逻辑功能。

11.2　常用组合逻辑电路

编码器是一种常见的组合逻辑门电路，具有对输入信号进行编码输出的功能。普通编码器一次只能输入一个信号，否则输出将产生混乱。优先编码器可以同时输入多个信号，在设计时已将各输入信号的优先顺序排好，当几个信号同时输入时，只对优先权最高的信号进行编码输出，不会产生混乱。

11.2.1　四位编码器

74LS147 为 10 线－4 线优先编码器，其引脚定义如图 11.7 所示，引脚 1~9 是编码输入端(低电平有效)，引脚 DCBA 是 4 位 BCD 码编码输出端(低电平有效)。器件的真值表如表 11.1 所示。

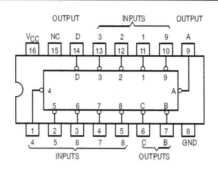

图 11.7　74LS147 引脚图

表 11.1　74LS147 真值表

输入									输出			
1	2	3	4	5	6	7	8	9	A	B	C	D
H	H	H	H	H	H	H	H	H	H	H	H	H
X	X	X	X	X	X	X	X	L	L	H	H	L
X	X	X	X	X	X	X	L	H	L	H	H	H
X	X	X	X	X	X	L	H	H	H	L	L	L
X	X	X	X	X	L	H	H	H	H	L	L	H
X	X	X	X	L	H	H	H	H	H	L	H	L
X	X	X	L	H	H	H	H	H	H	L	H	H
X	X	L	H	H	H	H	H	H	H	H	L	L
X	L	H	H	H	H	H	H	H	H	H	L	H
L	H	H	H	H	H	H	H	H	H	H	H	L

注：H = 高电平；L = 低电平；X = 无关

74LS147 将 9 条数据线 (1~9) 的输入进行 BCD 码编码输出,当 9 条数据线都为高时,输出十进制零。允许同时输入两个以上输入信号,输入信号按优先级顺序进行编码输出,当同时存在两个或两个以上输入信号时,编码器只按优先级高的输入信号编码输出,优先级低的信号则不起作用。最高位数据线拥有最高的编码优先级。

利用 Multisim 软件,对 74LS147 优先编码器功能进行演示,电路接线图如图 11.8 所示。图中 74LS147 的 9 条数据线 (D1~D9) 分别连接 9 个二选一开关,4 位 BCD 码输出端 (DCBA) 分别连接 4 个指示灯。运行该示范文件,单击图中的二选一开关,可以改变对应的输入端逻辑电平,从而使得优先编码器输出对应的 BCD 编码。

如图 11.8 所示,设置 $D_7=0$,其余输入端=1 时,则 DCBA=1000,即四个输出只有 D=0,其余三个端都为 0,从仿真图中观察,与 D 端相连的电灯 "D" 不亮,与 A、B、C 相连的灯都点亮,仿真结果验证了芯片需要实现的 10 线－4 线译码功能。

11.2.2　八位译码器

74LS47 是 BCD-7 段数码管译码驱动器,其引脚如图 11.9 所示。DCBA 是 4 条 BCD 码输入端,A~G 是 7 条数码管显示输出端,LT 是试灯控制输入端,BI 是灭灯控制输入端,RBI 是灭零控制输入端。74LS47 的真值表如图 11.9 所示。

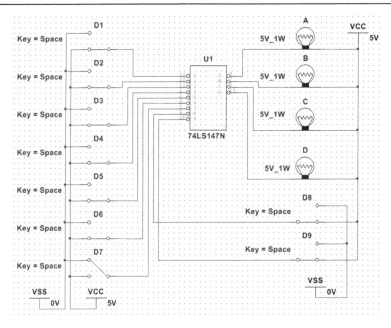

图 11.8　74LS147 功能演示电路连线图

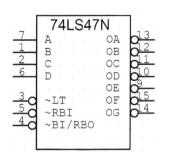

图 11.9　74LS47 引脚图

利用 Multisim 软件，对 74LS47 译码功能进行演示的示例文件。演示电路接线图如图 11.10 所示。图中 74LS47 的 3 个输入控制端都按要求连接到固定逻辑电平，7 个译码输出端(A~G)分别连接到共阳极的 7 段数码管的对应引脚，4 个输入端(A、B、C、D)分别连接到 4 个二选一的开关。运行该示范文件，单击 4 个二选一开关，可以改变 4 个输入端的逻辑电平，从而使得 7 个输出端输出对应编码，点亮 7 段数码管显示对应的 BCD 码数字。74LS47 真值表，如表 11.2 所示。

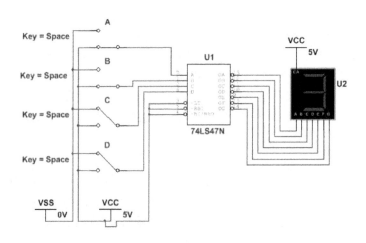

图 11.10　74LS47BCD-7 段数码管译码驱动器示例仿真连线图

表 11.2　74LS47 真值表

数码与控制	输入							输出							备注
	$\overline{LT}$	$\overline{RBI}$	A3	A2	A1	A0	$\overline{BI}$	$\overline{a}$	$\overline{b}$	$\overline{c}$	$\overline{d}$	$\overline{e}$	$\overline{f}$	$\overline{g}$	
0	H	H	L	L	L	L	H	L	L	L	L	L	L	H	
1	H	X	L	L	L	H	H	H	L	L	H	H	H	H	
2	H	X	L	L	H	L	H	L	L	H	L	L	H	L	
3	H	X	L	L	H	H	H	L	L	L	L	H	H	L	
4	H	X	L	H	L	L	H	H	L	L	H	H	L	L	
5	H	X	L	H	L	H	H	L	H	L	L	H	L	L	
6	H	X	L	H	H	L	H	H	H	L	L	L	L	L	
7	H	X	L	H	H	H	H	L	L	L	H	H	H	H	
8	H	X	H	L	L	L	H	L	L	L	L	L	L	L	
9	H	X	H	L	L	H	H	L	L	L	H	H	L	L	
10	H	X	H	L	H	L	H	H	H	L	H	L	L	H	
11	H	X	H	L	H	H	H	H	H	L	L	H	H	L	
12	H	X	H	H	L	L	H	H	L	H	H	H	L	L	
13	H	X	H	H	L	H	H	L	H	H	L	H	L	L	
14	H	X	H	H	H	L	H	H	H	H	L	L	L	L	
15	H	X	H	H	H	H	H	H	H	H	H	H	H	H	
-BI	X	X	X	X	X	X	L	H	H	H	H	H	H	H	
-RBI	H	L	L	L	L	L	H	H	H	H	H	H	H	H	
-LT	L	X	X	X	X	X	H	L	L	L	L	L	L	L	

注：H = 高电平；L = 低电平；X = 无关

　　如图 11.8 所示，设置 DCBA=0011 时，对应十进制数的 "3"，则通过 7 段译码器驱动 7 段数码管就显示数字 "3"。查看图 11.10，确实实现了该功能。

11.2.3　一个循环计数器

　　74LS190 是十进制同步加/减计数器。引脚定义如图 11.11 所示，图中 D、C、B、A 是 4 条置数输入端，Q_D、Q_C、Q_B、Q_A 是 4 条计数输出端，CLK 是计数脉冲输入端(上升沿有效)，引脚 D/$\overline{U}$ 是加 1/减 1 控制端，$\overline{PL}$ 是异步并行置入控制端(低电平有效)，$\overline{RC}$ 是预置控制端。

　　利用 Multisim 软件，对 74LS190 循环计数功能进行演示的示例文件。演示电路接线图如图 11.12 所示。图中使用 74LS47 和 7 段数码管，对 74LS190 计数器输出的十进制数进行显示。示例中将 74LS190 的 4 个置数输入端(DCBA)全部接地，将 74LS190 的 4 个计数输出端($Q_D \sim Q_A$)连接到 74LS47 的 BCD 码输入端，计数脉冲端 CLK、加减控制端 D/$\overline{U}$ 以及置数控制端 $\overline{PL}$ 分别连接到 3 个二选一的开关上。运行该示范文件，单击 CLK 的二选一开关，产生计数脉冲，通过数码管的显示，可以观察到循环计数的效果。单击加减控制端 D/$\overline{U}$ 的二选一开关，可以设置计数器为加 1 或减 1 计数器，单击置数控制端 $\overline{PL}$ 的二选一开关，可以对计数器进行清零操作。

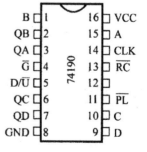

图 11.11　74LS190 引脚图

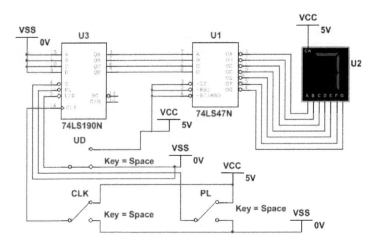

图 11.12　74LS190 示例连线图

11.3　D/A 转换器

D/A 转换器是将输入的数字量转换为模拟量，数字量是由若干数位构成的，就是把每一位上的代码按权值转换为对应的模拟量，再把各位所对应的模拟量相加，得到各位模拟量的和，便是数字量所对应的模拟量。D/A 转换器基本上由 4 个部分组成，即权电阻网络、运算放大器、基准电源和模拟开关。根据电阻网络的结构可以分为权电阻网络 DAC、T 形电阻网络 DAC、倒 T 形电阻网络 DAC、权电流 DAC 等形式。

11.3.1　四位 D/A 转换器

【实例 11.1】图 11.13 是一个 4 位 R-2R 倒 T 形 D/A 转换器原理图，参考电源电压是 5V 直流电压，电阻 R_2、R_4、R_6、R_8、R_9 的阻值分别为 2kΩ，电阻 R_1、R_3、R_5、R_7 的阻值分别为 1kΩ，U_9 为求和放大器，S_0、S_1、S_2、S_3 为单刀双掷开关。

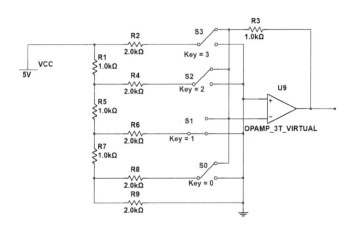

图 11.13　4 位 R-2R 倒 T 形 D/A 转换器原理图

实例 11.1

1. 理论分析

从参考电源流入倒 T 形电阻网络的总电流为

$$I = V_{\mathrm{REF}}/R = 5\mathrm{V}/1\mathrm{k}\Omega = 5\mathrm{mA}$$

式中，R 为权电阻网络总电阻，而 R_2、R_4、R_6、R_8 所在支路的电流依次为 $I/2=2.5\mathrm{mA}$，$I/4=1.25\mathrm{mA}$，$I/8=0.625\mathrm{mA}$，$I/16=0.3125\mathrm{mA}$。如果令 $S_i=0$（$i=0$，1，2，3），则开关接地（接放大器的 V^+），而 $S_i=1$ 时开关接放大器的 V^-，则流过 R_3 的总电流为

$$I_i = (I/2)\,S_3 + (I/4)\,S_2 + (I/8)\,S_1 + (I/16)\,S_0$$

在求和放大器的反馈电阻 R_3 的阻值为 $1\mathrm{k}\Omega$ 的条件下，输出电压为

$$U_0 = -RI_i = -V_{\mathrm{REF}}/2^4\,(S_3\times2^3 + S_2\times2^2 + S_1\times2^1 + S_0\times2^0)$$

即 5V 参考电压通过开关 $S_3S_2S_1S_0$ 的状态（数字量）组合，可以从 0000~1111 的变化转换成放大器的模拟电压输出，即完成 4 位数字量到模拟量的变换。

2. 仿真分析

在理论分析之后，就开始使用 Multisim 仿真，验证理论分析的正确性。打开 Multisim 之后，从元器件库中分别找到直流电压源、电阻、求和放大器、单刀双掷开关、电流表、电压表，参考图 11.14 来连接电路。在确定电路连接正确之后，改变 S_3、S_2、S_1、S_0 的开关状态，运行软件，在电压表 U_7 上显示的不同模拟量对应不同的开关状态。如图 11.14 所示，S_3、S_2、S_1、S_0 开关的组合，代表的四位二进制为 1101，转化成模拟电压值为 4.062V。与理论计算的 $U_0 = -RI_i = -V_{\mathrm{REF}}/2^4\,(1\times2^3 + 1\times2^2 + 0\times2^1 + 1\times2^0) = -5/16\,(8+4+1) = -4.062\,(\mathrm{V})$ 一致。

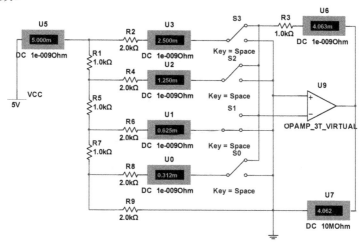

图 11.14　四位 R-2R 倒 T 形 D/A 转换器仿真电路图

11.3.2　八位 D/A 转换器正弦信号输出仿真

要使一个 8 位 D/A 输出正弦信号，则 D/A 输入的数字量必须是按正弦规律变化的。

基于这个思想，首先用 A/D 把一个正弦信号(模拟量)变成一系列数字量，再把这一系列数字量作为 A/D 的输入，用双踪示波器观察 A/D 的输入和 D/A 的输出是否一致。图 11.15 是一个 8 位 D/A 输出正弦信号的仿真电路图。

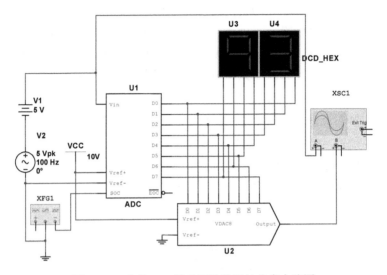

图 11.15 八位 D/A 输出正弦信号的仿真电路图

【实例 11.2】在图 11.15 中，选择一个 5V 的直流电压源，串联一个幅值 5V，频率 100Hz 的正弦波，作为 A/D 的输入信号，A/D 转换器驱动时钟信号设置为 2kHz 的方波信号，幅度为 5V，由一个函数发生器产生，如图 11.15 所示。观察其数字和模拟输出的结果。

运行仿真，可以观察到数码管显示模拟信号经 A/D 转换后的数字信号，如图 11.15 所示。通过示波器可以看到数字信号经过 D/A 转换后的模拟信号，如图 11.16 所示，与输入的正弦波信号基本一致，可以观察到 D/A 转换后，保留下来的特有阶梯台阶，电路工作正常。

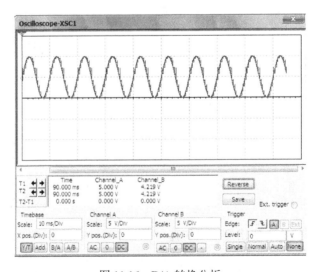

图 11.16 D/A 转换分析

11.3.3　运算放大器的带宽对 D/A 转换器速度影响分析

对 D/A 转换器的速度常有两种理解,所以运算放大器的带宽对 D/A 转换器速度影响也应该从两个方面来分析。

1. 第一种理解

对于 D/A 转换器的速度理解应该是指 D/A 的建立时间,即输入一个数字量后 D/A 输出一个模拟量所需的时间,在电流输出型的 D/A 转换器中,因为需要利用运算放大器变换成电压,所以建立时间比电压输出型的 D/A 时间长,那么在这个变换过程中,运算放大器的带宽对 D/A 转换器速度会有什么影响呢。

【实例 11.3】电路如图 11.17 所示,利用电流输出型 D/A,把 D/A 的输出 I_{out+}接在运算放大器的反向端,设计一个典型的反相放大器,其反馈电阻 $R_4=R_2$,说明低频放大器的倍数为 1,即没有幅值放大,低频的相位有 180° 之差;在反馈电阻上并联了一个电容 C_1,形成低通滤波电路;输入信号直流仍为 5V,交流信号峰值为 3V。观察电路的输出结果。

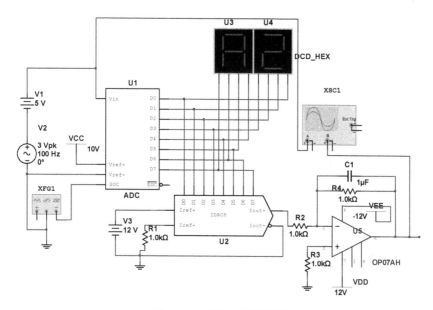

图 11.17　仿真电路连接图

D/A 输入的数字量是通过 A/D 转换而来的,即输入到 D/A 的数字量的切换速度是一样的,而且在 D/A 芯片上没有设计时钟信号输入,因此其 D/A 转换的速度只与其自身的电路结构设计和外围电路有关,而与系统控制时钟的频率高低无关。在本电路中,外围电路只有运算放大器。因此改变运算放大器的带宽,来比较双踪示波器的 A、B 两通道的信号同时达到波峰或波谷的时间差,时间差的不同,即表明运算放大器的带宽对 D/A 转换器速度的影响。

当电路中没有接入电容 C_1 时,即运算放大器的带宽是 op07AH 本身的带宽,在

400~500kHz。进行仿真运算，观察双踪示波器的 A、B 通道，得到图 11.18 所示的波形，从图中看到，T_2-T_1=568.182μs。

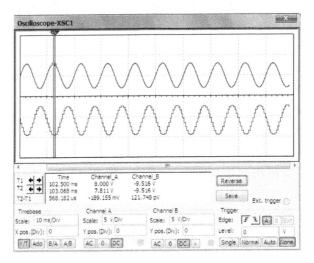

图 11.18　无滤波器带宽为 400kHz 输出波形

当电容为 1μF 时，运算放大器的截止频率为

$$f_0 = \frac{1}{2\pi R_4 C} = 160\text{Hz}$$

进行仿真运算，观察双踪示波器的 A、B 通道，得到图 11.19 所示的波形，从图中看到，T_2-T_1=1.136ms。

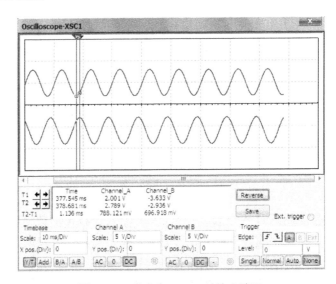

图 11.19　带宽为 160Hz 时输出波形

当电容为 1.6μF 时，运算放大器的截止频率为

$$f_0 = \frac{1}{2\pi R_4 C} = 100\text{Hz}$$

进行仿真运算，观察双踪示波器的 A、B 通道，得到图 11.20 所示的波形，从图中看到，$T_2 - T_1 = 1.515\text{ms}$。

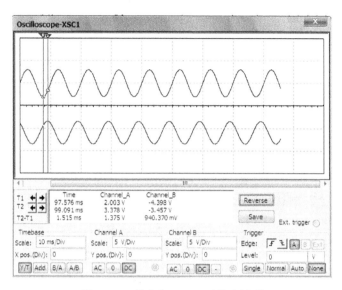

图 11.20　带宽为 100Hz 时输出波形

从图 11.18~图 11.20 可以看出，随着运算放大器的带宽减小，$T_2 - T_1$ 的时间差，即 D/A 的建立时间越来越长，即 D/A 的转换速度越慢。

2. 第二种理解

D/A 转换器的转换速度通常用建立时间来表示，因为输入数字量的变化越大，建立时间越长，所以 D/A 建立时间一般是指输入从全 0 跳变为全 1(或从全 1 跳变为全 0)时的建立时间。根据建立时间的这个定义，用一个数字时钟信号接在 D/A 的输入端，观察输入端的信号从全 1 变到全 0 时，D/A 输出的模拟量从满刻度变为 0 的过程。当改变运算放大器的带宽时，再观察 D/A 输出信号的变化，来定性分析运算放大器的带宽对 D/A 转换速度的影响。按图 11.21 连接仿真电路图。

当电容为 1μF 时，运算放大器的截止频率为

$$f_0 = \frac{1}{2\pi R_4 C} = 160\text{Hz}$$

进行仿真运算，观察双踪示波器的 A、B 通道，得到图 11.22 所示的波形。

当电容为 1.6μF 时，运算放大器的截止频率为

$$f_0 = \frac{1}{2\pi R_4 C} = 100\text{Hz}$$

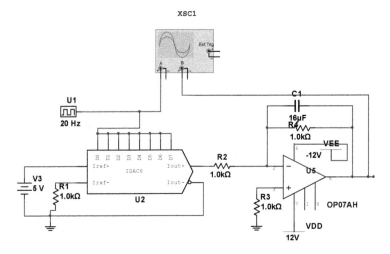

图 11.21　D/A 转换器的转换速度的仿真分析电路图

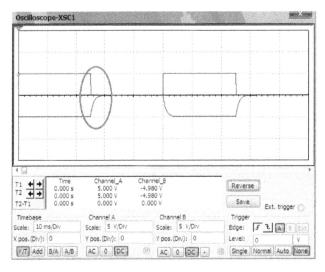

图 11.22　运放带宽为 160Hz 时 D/A 输出波形

　　进行仿真运算，观察双踪示波器的 A、B 通道，得到图 11.23 所示的波形。比较图 11.22 和图 11.23 的结果可以定性出来，当带宽变窄时，D/A 建立时间变长，即转换速度变慢。

11.4　A/D 转换器

　　A/D 转换器是将模拟信号转化为数字信号的电路。A/D 转化器按照工作原理的不同分为直接 A/D 转化器和间接 A/D 转化器。

【实例 11.4】8 位 A/D 转换器仿真。

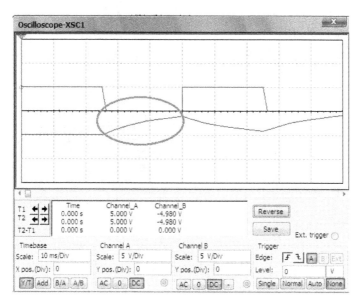

图 11.23　运放带宽为 100Hz 时 D/A 输出波形

打开 Multisim 软件，按快捷键 Ctrl+W 弹出 Select a Component 窗口，在库中选取元件。选择电压源 Sources 元器件组 POWER_SOUCES 中的 VCC，如图 11.24 所示。在 Basic 元件组 RESISTOR 中选取 0 电阻（0 电阻的作用是对电路起保护作用，防止滑动变阻器有效接入部分为 0 时电源短路），选取 0 电阻的方法是在 Component 下输入 0 后单击 Enter。

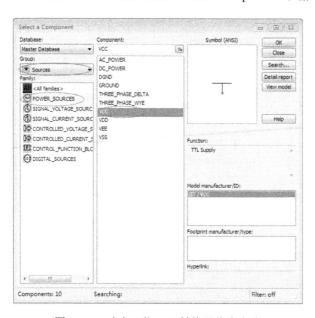

图 11.24　建立 8 位 A/D 转换器仿真电路

同理，分别在库 Sources 元件组 POWER_SOUCES 中选取直流源 DC_POWER；在 Basic 元件组中的 POTENTIOMETER 选取 100kΩ 滑动电阻；在 Mixed 元件组 ADC_DAC 中选取 8 位 A/D 转换器 ADC；在 Indicators 元件组 HEX_DISPLAY 中选取数码管 DCD_HEX。函数发生器在电路图面板右侧选取，函数发生器为 A/D 转换器提供时钟信号，其仿真电路图，如图 11.25 所示。

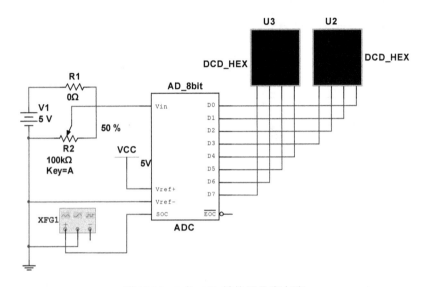

图 11.25　8 位 A/D 转换器仿真电路

双击函数发生器 XFG1，设置产生函数的属性，产生函数频率与 A/D 转换器 SOC（启动转换时间）有关，此处以频率设置为 200Hz 为例，如图 11.26 所示。

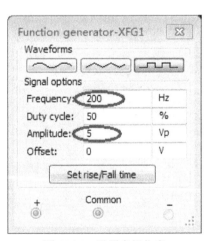

图 11.26　设置虚拟仪表

搭建好电路仿真图后，单击 Run 开始仿真，调节滑动变阻器旋钮改变电阻阻值，使得 A/D 输入端电压变化，数码管以 16 进制的方式显示输入电压值，仿真结果如图 11.27 所示。

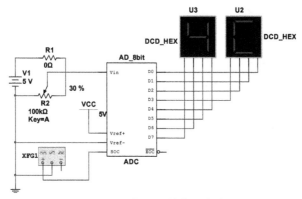

图 11.27 8 位 A/D 转换仿真结果

连续改变滑动变阻器，同时观察数码管数字变化情况，如图 11.28 所示。

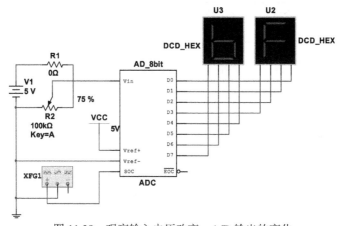

图 11.28 观察输入电压改变，A/D 输出的变化

11.5 加 法 器

最简单的加法器称为半加器(half adder)，它把 2 个 1 位二进制操作数 X 和 Y 相加，产生一个 2 位和。和的范围为 0～2，用 2 位表示。和的较低位命名为 HS(半加和，简称 S)，较高位命名为 CO(半加进位或进位输出，简称 C)。对于 HS 和 CO，可以写出下面的等式：

$$HS = X \oplus Y = X \bullet \overline{Y} + \overline{X} \bullet Y$$

$$CO = X \bullet Y$$

要对多于 1 位的操作数相加，则必须提供位与位之间的进位。可用称为全加器(full adder)的构件。除了加数位输入 X 和 Y，全加器还有进位输入 CIN(来自低位的进位)，3 个输入的和的范围是 0～3，仍然用两个输出位表示：S(全加和)和 COUT(送入高位的进位)。其中，如果输入有奇数个 1，则 S 为 1；如果输入有 2 个或 2 个以上的 1，则 COUT 为 1。半加器、全加器的逻辑图及符号如图 11.29 所示，全加器真值表如表 11.3 所示。

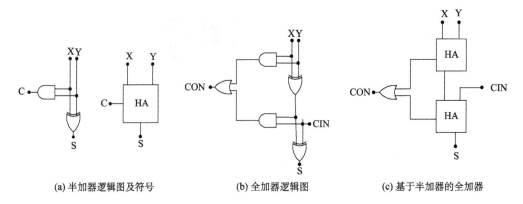

(a) 半加器逻辑图及符号　　　　　　(b) 全加器逻辑图　　　　　　(c) 基于半加器的全加器

图 11.29　半加器全加器逻辑图及符号

表 11.3　全加器真值表

输入			输出	
X	Y	CIN	S	COUT
0	0	0	0	0
0	0	1	1	0
0	1	0	1	0
0	1	1	0	1
1	0	0	1	0
1	0	1	0	1
1	1	0	0	1
1	1	1	1	1

由真值表可得全加器逻辑表达式如下：

$$S = X \oplus Y \oplus CIN$$
$$CON = X \cdot Y + X \cdot CIN + Y \cdot CIN$$

【实例 11.5】1 位全加器。

Multisim 中可以将真值表输入逻辑转换仪得到逻辑表达式，如图 11.30 所示。

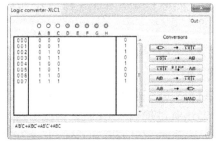　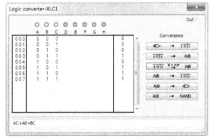

(a) 全位 S 的真值表和函数式仿真　　　　　(b) 进位 COUT 的真值表和函数式仿真

图 11.30　1 位全加器的仿真

由逻辑表达式可得全加器逻辑门电路如图 11.31 所示。

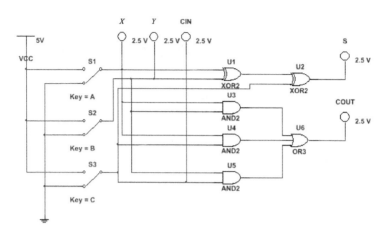

图 11.31　1 位全加器的门电路

图中 X、Y、CIN 为三个输入探针，S、COUT 为两个输出探针，探针显示圆形空心时表示为逻辑 0，探针显示圆形实心（并带发光线）时表示逻辑 1。图 11.31 表示三个输入均为 0，两个输出也都为 0；当输入 X、CIN 为 1，Y 为 0 时，输出 COUT 为 1，S 为 0，如图 11.32 所示。

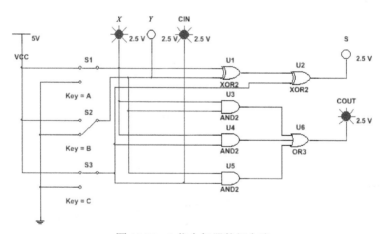

图 11.32　1 位全加器的门电路

同理，可分别验证其余 6 种情况，从而验证逻辑电路的正确性。

训　练　题

1. 分析仿真一个"非门"电路。
2. 分析仿真一个 2 输入的"与非门"电路，利用 CMOS 管型。
3. 分析仿真一个 2 输入的"或非门"电路。
4. 分析仿真一位"全加器"电路。
5. 分析仿真一个 8 位 D/A 变换器。

第 12 章　简单实用电路辅助设计

电路仿真具有很强的工程实用性，Multisim 也有专门的工程实用版本，其功能很强。对于初学者，本书主要指导大家入门学习及使用。因此，重点是简单介绍引导大家学会使用这种工具。本章只是介绍一些比较简单而又特殊的电路，帮助大家了解如何在电路设计过程中，利用 Multisim 工具辅助分析、仿真。

本章介绍信号源、电源、开关电源。

12.1　波形发生器

【实例 12.1】电路如图 12.1 所示，分析电路，设计参数，得到方波输出。

1. 理论分析

图 12.1 所示电路，利用滞回比较器和积分器首尾相接形成正反馈环系统，比较器 U2 输出的方波经积分器 U1 可得到三角波，三角波又触发比较器自动翻转形成方波，这样即可构成三角波、方波发生器。U2 的输出端可得到方波信号，U1 的输出端可得到三角波信号。

通过电路的工作原理分析计算，可以得到几个重要的参数。

电路振荡频率：

$$f_0 = \frac{R_2}{4R_3\left(R_1 + R_5\right)C_1}$$

方波幅值：

$$U_{\text{pulse}} = \pm U_Z\,(U_Z\ 即稳压管的稳压输出)$$

三角波幅值：

$$U_{\text{tri}} = \frac{R_3}{R_2}U_Z$$

调节 R_5 可改变振荡频率，调节 R_3/R_2 可调节三角波的幅值。

如图 12.1 所示，是由运算放大器和 RC 构成的方波、三角波信号发生器电路。由图中参数，$R_5 = 25\text{k}\Omega$，根据上面的理论知识，代入公式，可得振荡频率 $f_0 = 820\text{Hz}$，方波的振幅 $U_{\text{pulse}} = \pm 6.2\text{V}$，三角波的振幅 $U_{\text{tri}} = \pm 3.1\text{V}$。

2. 仿真分析

打开 Multisim 的界面，从库文件中，选择运算放大器、电阻、电容、稳压二极管、电源、地、双踪示波器等元器件和测试设备，按图 12.1 连接，画出方波、三角波信号发生器仿真电路原理图，给元件赋值，可修改参数。

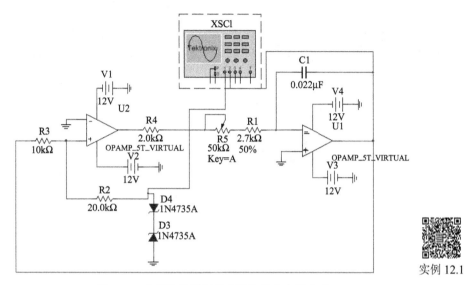

图 12.1　分析软件界面的方波信号发生器电路

　　检查电路确保无误后，运行软件，得到结果。可以直接看到示波器显示的输入和输出波形如图 12.2 所示，示波器设置其幅度坐标，通道 1 选择 2V/格（（2V/Div），通道 2 选择 1V/格（1V/Div）；时间坐标为 500μs/格（500μs/Div），选择单次触发。

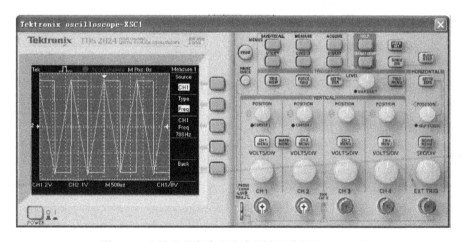

图 12.2　方波信号发生器仿真示波器波形（R_5=25kΩ）

　　从计算机仿真波形图 12.2 中可以看到，通道 1 的输入信号为方波信号，振幅为 ±6.2V；通道 2 的输入信号为三角波信号，振幅为 ±3.1V；方波和三角波的频率均为 788Hz，考虑到测量误差，其结果与理论分析结果 $f_0 = 820\,\mathrm{Hz}$ 基本一致。

　　调节电位器 R_5 使阻值为 40 kΩ，代入公式可得振荡频率 $f_0 = 532\,\mathrm{Hz}$。从计算机仿真波形图 12.3 可以看到方波的频率为 518Hz，考虑到测量误差，其结果与理论分析结果基本一致。

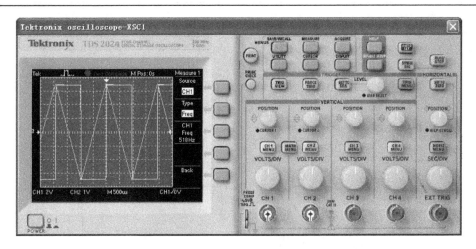

图 12.3　方波信号发生器仿真示波器波形（$R_5=40\text{k}\Omega$）

【实例 12.2】设计一个正弦波信号发生器。

1. 理论分析

常见的振荡电路有"三点式"正弦波振荡电路、RC 桥式振荡电路、移相式振荡电路等多种形式，其中应用最广泛的是 RC 桥式振荡电路。如图 12.4 所示，就是 RC 桥式振荡电路，也是利用运放构成的正弦波信号发生器电路。

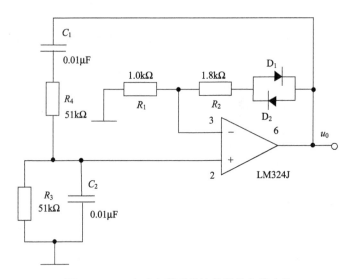

图 12.4　RC 文氏电桥正弦波信号发生器电路

RC 桥式振荡电路由 RC 串并联选频网络和同相放大电路组成，电路包括四个环节：①放大器环节。由运算放大器 LM324J 组成。②负反馈环节。R_1、R_2 及二极管 D_1、D_2 等元件构成负反馈和稳幅环节。③正反馈选频网络。R_4 与 C_1 的串联和 R_3 与 C_2 的并联电路构成正反馈支路，同时兼作选频网络。④稳幅环节。利用两个反向并联二极管 D_1、D_2 正向电阻的非线性特性来实现稳幅。D_1、D_2 采用硅管（温度稳定性好），且要求特性匹配，才能保证输出波形正、负半周对称。

电路的振荡频率：

$$f_0 = \frac{1}{2\pi RC}, \quad R = R_3 = R_4, \quad C = C_1 = C_2$$

改变选频网络的参数 C 或 R，即可调节振荡频率。一般采用改变电容 C 作频率量程切换，而调节 R 作量程内的频率细调。

由图中给定的元件参数，$R_4 = 51\text{k}\Omega$，$C_1 = 0.01\mu\text{F}$，可得振荡频率 $f_0 = 312\text{Hz}$。

2. 仿真分析

打开 Multisim 的界面，从库文件中，选择电阻、电容、二极管、运算放大器、电源、地、双踪示波器等元器件和测试设备，按图 12.5 元件连接，画出正弦波信号发生器仿真电路，给元件赋值，可修改参数。

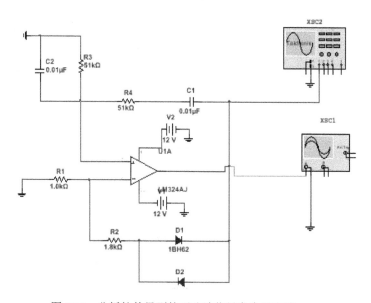

图 12.5　分析软件界面的正弦波信号发生器电路

检查电路确保正确后，运行软件，得到仿真结果。可以直接看到示波器显示的输入和输出波形。如图 12.6 所示，通道 1 的幅度坐标设置：选择 5V/格（5V/Div）；时间坐标为 2ms/格（2ms/Div）。

实例 12.2

从计算机仿真波形图 12.6 中可以看到，输出信号为正弦波信号，其频率为 310Hz，考虑到测量误差，其结果与理论分析结果 $f_0 = 312\text{Hz}$ 是一致的。

通过设置示波器触发电平，选择触发模式，可以观察到振荡电路起振的过渡过程，如图 12.7 所示。

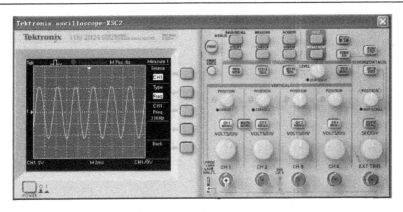

图 12.6　正弦波信号发生器仿真示波器波形

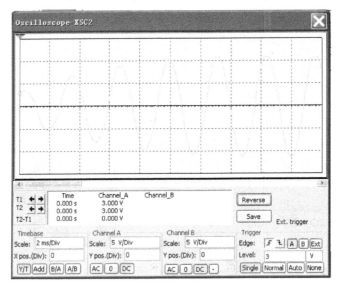

图 12.7　正弦波信号发生器仿真示波器波形(起振)

12.2　电　　源

　　电源拓扑比较简单,但是属于强非线性电路,因此,电路看似简单,但是分析计算量很大,也比较烦琐,是一种比较特殊的电路。

　　【实例 12.3】设计一个线性稳压电源。利用 Multisim 库内的元器件。

　　由于直接输入 220V/50Hz 的交流电压需要变压器,而变压器模型存在一个共地问题。我们直接提供一个低压的交流电压,如图 12.8 所示,8V/50Hz 表示低压交流电。利用一个全桥整流电路,将交流电压转换为直流电压。选用 Multisim 库中的 7805 三端稳压器模型,如 LM7805CT。由于三端稳压器是非线性器件,内部模型比较复杂,所以直接选用该模型。按元件参数,输入为 7~24V,输出保持 5V 左右,最大输出电流为 1A。因此,负载设置 5 Ω 电阻。正好输出是 1A。

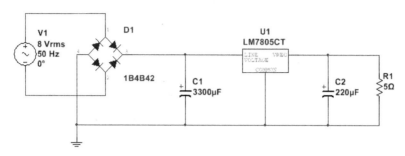

实例 12.3

图 12.8　线性稳压电源电路

对于这样一个线性稳压电源，计算机能否仿真？将电路及参数直接输入计算机 Multisim 程序内。设置好后利用虚拟示波器观察整流和输出波形。电路测试连接如图 12.9 所示。

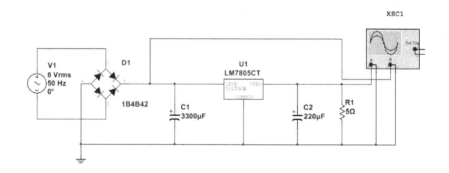

图 12.9　利用虚拟示波器观察整流和输出电压

仿真后可以得到结果，如图 12.10 所示。明显可以观察到，整流输出点的波形，是一个按 100Hz 波动的波形。下方的波形是稳定的 5V 输出波形。该电路在 1A 的输出电流下，可以输出稳定的 5V 电压。

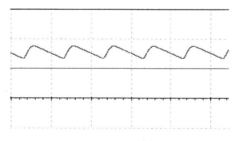

图 12.10　仿真观察电压波形

【实例 12.4】设计一个简单的 DC/DC 开关电源。图 12.11 是一个简单的 BUCK DC/DC 变换器主电路，其开环工作模式，驱动信号由一个脉冲信号源完成。通过仿真可以观察其主电路工作模式，包括电路参数对电路的影响。

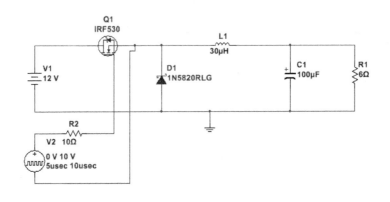

实例 12.4

图 12.11　BUCK DC/DC 变换器

　　由于开关电源比较复杂，是非线性电路，其驱动波形也复杂。我们采用简化的设计方式。驱动信号采用直接提供信号源的方式。驱动信号占空比 50%，理论上输出电压应该是 6V，选择开关频率 100kHz。

　　主开关管选用 IRF530；续流二极管选择肖特基二极管，反压 20V，电流 3A；输入直流电压 12V。

　　先观察开关管上电压波形，仿真如图 12.12 所示。

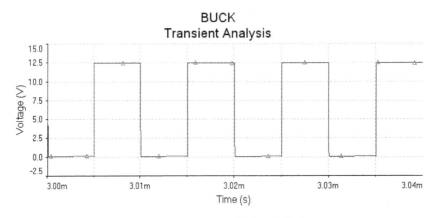

图 12.12　主开关 MOS 管电压仿真波形

　　MOS 管 ds 之间电压波形，开关状态很好，波形接近理想形状。导通期，电压接近 0V；关断期，约 12.5V。

　　再观察续流电感上的电流波形、稳态值，仿真波形如图 12.13 所示，充放电形状，正常。导通期，MOS 导通，电源电压加载，电感电流上升，充电期，直到约 1.5A；MOS 管关断，截止期，电源电压被阻隔，电感上能量放电，其电流下降。下降到约 0.5A。下一周期，重复，不断充放电，形成稳定的周期波形。

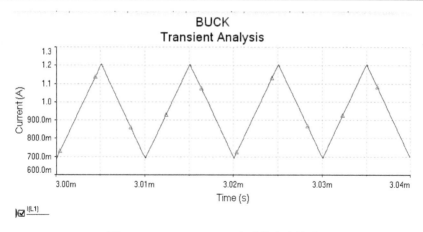

图 12.13　BUCK DC/DC 电感的电流波形

可以通过调整参数观察电流波形，例如加大电感值，仿真可以观察到，电流波形的充放电幅度减小。我们选择的电感是比较理想的电感，没有考虑其饱和效应的影响，仿真得到的波形比较理想，这个与实际电路实验是有一定差距的。

输入 12V 电压源实际上在仿真中，也是一个比较理想的电压源，其能够输出的功率很大，不会因为输出电流增加而电压值下降。而实际应用中这个也是不可能的。

再来分析仿真输出电压的启动情况，开关电源的输出，一般有一个较大的电容，作为滤波器，也是能量的存储单元，但是启动时，其电压从 0 开始上升。开关电源开始工作时，等效的负载值很大，往往会形成一个较大的过冲现象。仿真结果如图 12.14 所示，可以观察到启动期间，的确有较大的过冲。

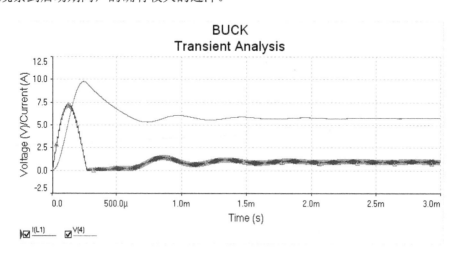

图 12.14　BUCK 电路的启动动态分析

仿真观察了两路波形，一路是输出电压波形，电压过冲，在 200μs 左右，到达 10V，然后才下降，逐步稳定到 6V 的理论值。而电感电流波形，也过冲较大，在 100μs 左右，电流峰值达到约 7.5A，然后下降，逐步稳定到 1A 左右的理论值。

在实际设计中，为了避免启动过冲现象，控制芯片一般设计了软启动模式，占空比在启动期间，根据电路参数，设计了 1ms 左右的慢慢打开的过程，即占空比从 0 逐步上升到 0.5 的标称值，这样可以有效防止过冲的出现。软启动可以有效保护开关管，防止过冲造成管子损坏。

【实例 12.5】设计一个升压型的 DC/DC 开关电源。输入 6V，输出 12V，最大输出电流 1A。

同样的方式，我们选择简化的仿真模型，如图 12.15 所示。

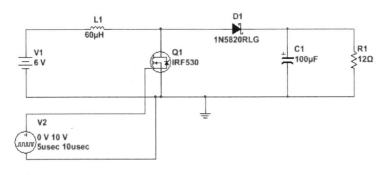

实例 12.5

图 12.15　Boost DC/DC 变换器电路

借助计算机的计算能力，直接利用其仿真，观察仿真结果。评估是否合理。

如果不考虑开关管的参数，则从理论分析计算输出电压是 12V。实际仿真分析考虑了开关管的参数，以及负载影响，实际仿真结果的输出电压是 11.566V。如图 12.16 所示，负载是 12Ω，故输出功率约 12W。基本达到设计要求。

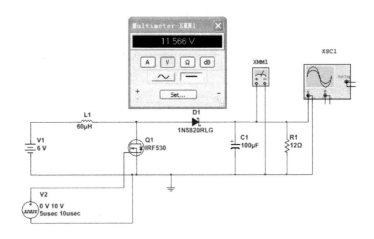

图 12.16　仿真观察测试点设置图

如图 12.17 所示，虚拟示波器观察到的输出启动瞬态效果。可以看到，输出电压上升过程逐步稳定到 12V 附近。

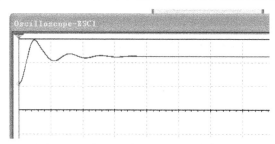

图 12.17　虚拟示波器观察到的仿真波形

12.3　放大器设计

放大器是电路中的经典电路，广泛应用在工程实际中。前面章节介绍了一般放大器电路基本原理及主要参数仿真。本节主要从设计的角度再对其进行仿真。

【**实例 12.6**】设计一个放大器，要求输入信号幅度 1~10mV，频率 20Hz~20kHz 内衰减小于 3dB，输出电压幅度 20~200mV（放大倍数 20）。

1. 讨论

根据技术指标要求，可以选择晶体管放大电路，也可以选择运算放大器电路。而选择运算放大器更简洁、稳定。带宽也容易满足指标要求。因此，选择经典的反相放大器，很容易满足要求。选择晶体管或者 MOS 管来设计放大器，也是可以的，读者可以自行验证。

2. 仿真

利用 Multisim 库内的元件库，运放有很多型号，可以简单选择一个。如图 12.18 所示，我们选择了一个 3288RT。根据反相放大器公式，很容易得知，需要一个 20 倍的增益。R_1 和 R_2 选择 1kΩ 和 20kΩ 即可。电容 C_1 是起稳定作用，先选择 10pF。C_1 大了影响带宽，小了可能自激。刚开始随意选择，根据仿真结果，调整参数值。

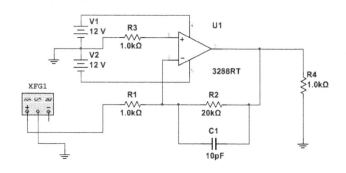

图 12.18　利用运放设计的模拟放大器

实例 12.6

输入选择一个函数发生器，选择点频的正弦波信号。其参数为频率 1kHz，正弦电压幅度 1mV。仿真结果用虚拟双踪示波器观察。结果如图 12.19 所示。

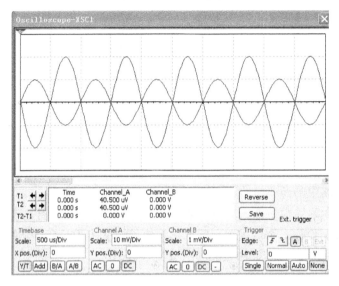

图 12.19　输入正弦波信号 1kHz 的输出结果显示

图 12.19 是双踪示波器仿真观察结果。输出 A 路，10mV/Div，显然峰值正好 20mV。B 路，直接对比观察输入信号，1mV/Div，正好峰值 1mV。可以从显示的结果得到其增益正好是 20 倍。说明增益指标达到设计要求。

接下来仿真观察带宽。对于一般电路设计人员，具有一些实验的基本知识，一般来说，影响带宽的主要因素是分布电容参数，隐含在运放之内。而本电路的带宽要求比较低，仅 20kHz，影响带宽的主要因素是跨接的电容 C_1。调整 C_1 的参数，可以调整电路的带宽。

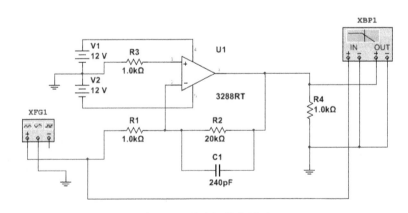

图 12.20　放大器带宽设计

从设计角度来说，我们不一定设计带宽正好在 20Hz~20kHz，而是确保在此之内满足要求。因此，适当宽一点也满足要求。我们调整 C_1 到 240pF，再利用虚拟波特仪观察仿真结果，如图 12.21 所示。

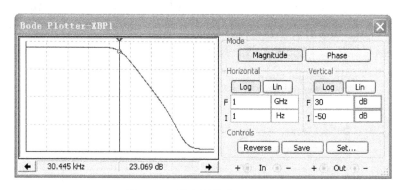

图 12.21　放大器带宽 0~30kHz

仿真结果为本电路带宽 0~30kHz，比要求的 20Hz~20kHz 宽，可以确保在 20Hz~20kHz 内信号不衰减 3dB。

【实例 12.7】 设计一个音频功率放大器。输出峰值功率为 0.5W，负载电阻(扬声器)为 8Ω，范围为 20Hz~20kHz 的音频放大器电路，输入信号为 0~10mV。

1. 分析讨论

输入信号比较小，直接驱动功率放大器，显然是不能够做到的。因此，本电路需要设计两级或者两级以上的放大电路。从实例 12.6 可知，利用运放可以完成一个小信号的放大。如果再利用一个经典的功率放大电路，则两级应该可以完成本题目要求的技术指标。

从 Multisim 的元件库中，调出 NPN 和 PNP 管构成一个功率放大器基本电路，如图 12.22 所示。前一级就是实例 12.6 的放大电路，修改参数，以获得更大的增益，由于功率放大级的电压增益不高，其负载电阻为 8Ω，需要满足输出 0.5W 功率(峰值)，电压峰值为 2V。由于功率放大级的电压增益不高，所以电压增益部分主要靠前一级放大。R_2 取 240kΩ，前级增益理论上为 240 倍。功率放大电路，需要调整偏置电路。可以反复仿真调整，主要调整 R_6、R_7、R_8，直到得到比较满意的结果。

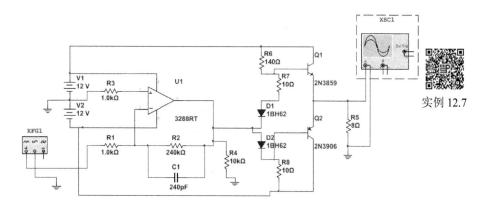

图 12.22　功率放大器设计草图

　　调整选择，利用点频(便于观察)输入正弦波信号，频率 1kHz，幅度 10mV。

　　利用虚拟函数发生器产生。利用虚拟示波器直接观察 8Ω 电阻上的输出电压。经过调整，仿真可得图 12.23 所示波形。其 1kHz 的正弦电压信号，基本上没有失真，峰值电压正好 2V，满足输出功率 0.5W 的设计要求。

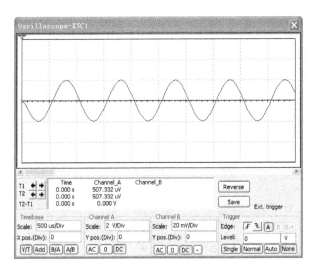

图 12.23　负载电阻输出电压波形

　　通过以上练习，可以借助 Multisim 软件，完成简单电路的虚拟实验。我们也可以自行进一步验证，对于简单的电路，其仿真结果与实验结果是一致的。而虚拟的实验室仪器设备工具采用了与实际一致的方式，特别有利于熟悉实验工具。对于从事电子工程领域工作的人员，熟悉计算机仿真软件，可以大幅度提高学习效率。这些工具也广泛应用在工程实际中，提前熟悉这些工具，对于今后的工作也十分有益。

训　练　题

　　1. 利用 Multisim 软件，设计一个方波和正弦波信号发生器，电压幅度 0～1V，频率 1Hz～100kHz。

　　2. 利用 Multisim 软件，设计一个 DC/DC 开关电源，要求输入 5V，输出 1.5V，功率 7.5W，效率在 90%以上。

　　3. 利用 Multisim 软件，设计一个功率放大器，频率 20Hz～20kHz，输出功率 1W，额定负载 8Ω。

　　4. 利用 Multisim 软件，设计一个 8 位 D/A 变换器电路，工作频率 200kHz。

　　5. 利用 Multisim 软件，设计一个逆变器电路，输入 12V/DC，输出 36V/50Hz。功率要求 10W。

参 考 文 献

胡翔骏, 2016. 电路分析. 3 版. 北京: 高等教育出版社

康华光, 2013. 电子技术基础(模拟部分). 6 版. 北京: 高等教育出版社

劳五一, 王淑仙,等, 2014. 电路分析. 北京: 机械工业出版社

梁青, 侯传教, 2012. Multisim 11 电路仿真与实践. 北京: 机械工业出版社

林捷, 杨绪业, 郭小娟, 2011. 模拟电路与数字电路. 2 版. 北京: 人民邮电出版社

刘健, 刘良成, 2016. 电路分析. 3 版. 北京: 电子工业出版社

吕波, 王敏, 等, 2016. Multisim 14 电路设计与仿真. 北京: 机械工业出版社

沈尚贤, 2013. 电子技术导论. 北京: 高等教育出版社

童诗白, 程华英, 2016. 模拟电阻技术基础. 4 版. 北京: 高等教育出版社

王二萍, 李道清, 等, 2014. 电路分析. 武汉: 华中科技大学出版社

谢嘉奎, 2010. 模拟电路与数字电路. 2 版. 北京: 高等教育出版社

叶典, 李北雁, 2014. Multisim 12 仿真设计. 北京: 电子工业出版社

叶典, 李北雁, 等, 2017. Multisim 12 仿真在电子电路设计中的应用. 北京: 电子工业出版社